露易丝·海"内心的力量"自助系列

HEART THOUGHTS

自我肯定的力量

A TREASURY of INNER WISDOM

[美]露易丝·海 著　张晰婧 译

中国宇航出版社
·北京·

HEART THOUGHTS - A Treasury of Inner Wisdom

By Louise L. Hay

著作权合同登记号：图字：01-2024-0135号

图书在版编目（CIP）数据

自我肯定的力量 / (美) 露易丝·海著 ; 张晰婧译. -- 北京 : 中国宇航出版社, 2024.6

书名原文: Heart Thoughts: A Treasury of Inner Wisdom

ISBN 978-7-5159-2347-5

Ⅰ. ①自… Ⅱ. ①露… ②张… Ⅲ. ①成功心理—通俗读物 Ⅳ. ①B848.4-49

中国国家版本馆CIP数据核字(2024)第039953号

策划编辑　田芳卿　　**封面设计**　高　瓦

责任编辑　卢　珊　　**责任校对**　吴媛媛

出版发行　**中国宇航出版社**

社　址　北京市阜成路8号　　**邮　编**　100830

(010) 68768548

网　址　www.caphbook.com

经　销　新华书店

发行部　(010) 68767386　(010) 68371900

(010) 68767382　(010) 88100613（传真）

零售店　读者服务部

(010) 68371105

承　印　北京中科印刷有限公司

版　次　2024年6月第1版　　2024年6月第1次印刷

规　格　710×1000　　**开　本**　1/16

印　张　15.5　　**字　数**　174千字

书　号　ISBN 978-7-5159-2347-5

定　价　49.00元

本书如有印装质量问题，可与发行部联系调换

《自我肯定的力量》

英文版读者评论

[选自亚马逊网站]

我喜欢这些富有建设性的、充满智慧和自我肯定的短文。如果你身陷烦恼，或者想让自己开心起来，它们可以帮助你积极振作。我把这本书放在手边（通常放在床头柜上），这样我就可以在心情灰暗的时候拿起来翻翻。我又给我的女儿和朋友们买了几本。

总的来说，这是一本五星图书。我喜欢这本书，我会不断地阅读它。我也可能会买露易丝·海出版的其他的书，因为我认为这是一份很棒的礼物。

我是露易丝·海的超级粉丝。我记得在20世纪80年代，海女士就在帮助很多身患癌症的病人，教他们用积极肯定的力量来治愈疾病。她是一位心灵疗愈工作者、作家和演说家。这本书太令人耳目一新了。起床后第一时间阅读这本书是一件很棒的事，它为一天都定下了一个充满感激的积极的基调。

我每天早上都会用这本书来提醒自己要积极思考。每天我都会阅读这本书，随意翻开的每一页，对于我来说都是一种积极的肯定。海女士在86岁的时候仍然非常坚强。去年我亲眼见到了她，当她站了一个多小时签名并说“我85岁了，我还活着”时，我对她的力量和美丽感到惊讶。她给了我很大的鼓舞，改变了我的生活。我崇拜她，从灵魂最深处感谢她的教导。

露易丝·海真是一个天使！我有她的几本书和几副卡片。一直以来，我都在与自卑和自我厌恶作斗争，阅读她的作品并做出积极的自我肯定，对我帮助很大。我现在仍然有很多消极的想法，但事情比以前好多了。露易丝的话给我的生活带来了很多欢乐，也给黑暗带来了光明。

露易丝·海的任何一本书都不会出错。我有很多健康问题，总感觉每一天都很难熬。当我拿起这本书每天读一读的时候，它帮助我把注意力集中在生活中积极的方面，而不是消极的方面。露易丝·海教会我用积极的态度面对每一天。她真是个天使！

这是一本美丽的书，有文字、思想、肯定、真理、鼓励和漂亮插图，用发自内心的爱创造着内心的平静。露易丝·海是一位温柔的老师，教授人们如何用爱从外到内地治愈自己。这是一本用内心的爱编写的合集，它会教你自我疗愈。

我对这本书感到惊讶，因为每当我想在这本书里寻找答案的时候，我都会翻到最正确的一页。我有很多露易丝·海的书，但我的包里总是装着这一本，每天都会读很多次。这本书是我的伴侣。感谢露易丝·海一直陪伴在我身边。

这是我最喜欢的书之一！我把它作为礼物送给了很多人，他们都很喜欢它。这本书的每一页都充满了爱！我很久以前读过整本书，现在我仍然会经常把它拿出来，随意选择一页，享受它所说的一切。我强烈推荐这本书！

谨以此书献给你我的心灵。

心灵是力量的核心。让所思所想都从心灵那片充满爱的花园流淌出来，我们就会充满力量，尽情发挥自己，轻松创造期待的生活。现在，请与我一起，开启你心灵的力量。

致读者

亲爱的朋友，你手中的这本书，汇集了我生活和工作中的所思所想，以及冥想、自我疗愈和演讲中的一些片段。这本书的主题，涉及大家日常生活中的各个方面。也许你现在正走在一条艰难的人生之路上，希望这本小书可以为你指引方向，带你走出心灵的困境。

一旦认定自己是生活的受害者，就会将自己隔离起来，孤立和封闭自己。我们对生活感到痛苦和恐惧，却一味地等待别人来拯救自己，帮自己走出阴霾。现在，我告诉大家，你完全有能力依靠自己来积极地应对生活，这一次，大家不再是自我意识中的“受害者”，而是以新的面目，积极、主动地探索改善个人生活的新方法，给自己重建生活的力量。

大家会发现，一旦开始与自己的内心建立联系，我们就拥有了缔造美好生活的力量。接下来，你会体验到前所未有的美妙感觉，因为你发现自己的生活不再需要别人来拯救，你自己就握有创造理想生活的足够能量。当你挣脱了牢笼，解放了自我，你就会焕发新生，神清气爽。

也许你会有些胆怯，不敢独自面对新的人生。你可能会担心：依靠自己的力量，岂不等于为自己的肩膀增加了一份担子？其实，所谓“责任”二字，就意味着我们具备独立面对生活的能力。现在我们是要步入人生中一个新的阶段，迎接一种新的生活法则。是时候摒弃那些无谓的旧思想、旧习惯了。从现在开始，我们会一点点接纳新的想法，学习新的思维方式，只要打开心扉，坚持下来，我们就会慢慢融入新的世界，适应新的法则，享受新的生活，从容惬意。

在通往新生活的道路上，希望你对自己再多点儿耐心。要知道，从下定决心求变，到真正收获成果，其间路途漫漫，需要一段时间。这期间，你也许会时不时地在新旧思想和行为之间摇摆犹豫，别生自己的气，别和自己过不去。记住，你想要的是让自己重新站起来，而不是把自己打趴下。每当旧思想卷土重来，袭扰你的意识，不妨打开这本书，多读读其中的文字，做做里面的疗愈，你一定会树立起足够的信心，集聚足够的能量，来创造改变，拥抱新生活。

现在的你，已经从旧梦中醒来。要深深地相信，无论生活如何变化，你都是有保障的。起初你也许会感到不安，但慢慢地你会发现，生活一直将你拥抱在怀中，对你不离不弃。你要明白，你可以走出旧的生活，告别旧的法则；你可以迈向新的世界，拥抱新的法则。这一过程中，你将安然无恙，从容舒畅。

露易丝·海

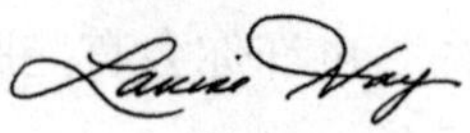

目录

1 生活丰盈

不想要的东西，你越是对它耿耿于怀，它就越会袭扰不断，接二连三地出现。从今天开始，不再介怀不想要的，转而关注我们所期待的。将心中注满憧憬与希望，生活便会丰盈富足，美好不断。

懂得说“好的”，世界就会变好

我一直相信，我就是幸运儿，拥有生活全部的馈赠。我的周身，我的体内，洋溢着无尽的智慧。因此，我将自己全身心地托付给这宇宙，相信天地会以各种方式将我托起。我爱这世界，我可能需要的一切，天地都已为我备齐。在这美丽的星球上，有着充沛的食物，我一生都吃不完；有着无穷的财富，我一生都用不完；有数十亿友好的人们，一生都相遇不尽；有着数不清的爱，供我一生无尽体验。生活的快乐远比我想象的要多，天地满足我的一切所求所需。我生于这世界，享受这世界，所有美好尽在手边。

无尽的思想，无穷的智慧，永远向我敞开，对我说“好的”。无论我选择信什么、想什么、说什么，天地总会对我说“好的”，从不否定。所以，我从不让任何悲观的思绪和消极的话题浪费美好的光阴，而是时刻以积极的双眼欣赏自己，探索生活。这样的我，面对机遇会说“好的”，从不错失；面对成功会说“好的”，从不犹豫。面对生活所有的馈赠，我都懂得说一声“好的”，让一个好的自己生活在一个好的世界，尽情享受宇宙好的宠爱。生活如此，我乐在其中。拥有天地的智慧，宇宙的能量，我心中充满感激。感谢上天，让此时此刻的我拥有这么多美好。

2 接受自己

面对镜子，告诉自己：“我爱自己真实的样子，我愿意接受真实的自己。”

说罢，你的内心有怎样的想法？留意此刻你真实的感受，它或许正是解决问题的关键。

正视真实的自己，接受自己的全部

自我疗愈的旅途中，重拾自我的过程里，最关键、最重要的一环便是接受自我，要百分之百地接受自己的一切。接受自己成功的光芒，也接受自己失意时的落寞；接受自己的暖暖爱意，也接受自己的偶尔恐惧；接受自己的阳光聪慧，也接受自己时而冒冒傻气；接受自己赢时开心的笑容，也接受自己输时难堪的表情。我们每个人都有千百面，要接受自己的所有，接纳最真实、最完整的自己。

其实，很多问题都源于我们拒绝接受自己的某一方面，其本质是不够爱自己，没有做到百分之百、无条件地爱自己。回首过去，我们不应当带着遗憾与叹息，而应换上一双全新的眼睛，看到过去生活中的富足与充盈。假若没有这富足丰盈的生活，我们又如何能够走到今天？待到我们真正接受自己，就会收获完整的自我和痊愈的心灵。

如果你无法做到百分之百、真真切切、纯纯粹粹地爱自己，那么你一定是曾在哪里接受了某种声音，搅乱了你本该坚定爱自己的内心。没有关系，你可以随时忘掉那个声音。从现在开始，温柔待己，重新爱上自己。

我为自己创造的一切，我都欣然接受

我爱真实的自己，接受自己本来的样子。无论走到哪里，我都愿意接受自己，支持自己，相信自己。我愿生活在自己内心的爱里，我将手轻轻地放在心脏的位置，感受到暖暖的爱就在那里。我明白，此刻我的内心之中，还有广阔的空间让我容纳自己。

我接受自己的所有——我的身材、我的体重、我的身高、我的容貌、我的性别，还有我的一切经历；我接受我为自己创造的一切——无论过去，还是现在。我放手迎接未来，我就是自己的神，是生活最瑰丽的表达，我值得最美好的世界。

是的，我全部为自己接受，接受美好，接受奇迹，接受身心的愈合，接受完整的自己。最重要的是，我接受自己，我是天地间最珍贵的作品，我珍惜自己的存在。没错，就是如此。

3 意外

作为生活的主角，我们会创造各种情景，其中当然也包括意外。意外来临时，我们习惯一味地指责别人，让别人为我们的坏心情买单。其实，凭他何人、何地、何事、何物，都无法操控我们的世界，唯有自己，才是世界中唯一掌控自己的人。

面对意外，释放积极

假如一场意外来袭，比如两车相撞，而你正是那个被撞的人，那么请想一想，你的内心深处会有愧疚吗？会有惩罚自己的念头吗？大概率不会吧。可对方呢？没错，一场意外中，总会产生许多被压抑的愤懑与不满，总有一方会感到自己没有权利发声，有苦不能诉。是的，如果你是撞人的一方，你就需要承受这份压抑，压抑自己的声音，克制自己的愤懑；如果你是被撞的一方，那么这意外倒是给了你底气，你可以尽情喷发怒火了。

内心所经历的，永远比表面多得多。一场意外可能并非单纯地只是意外。意外发生时，要洞察自己的内心，看清自己行事的方式与感受。然后，请以爱的方式为对方祈福，将这场意外经历释怀。

4 戒不掉的瘾

所谓上瘾，不过是在自我逃避，靠着死死抓住什么，来填补内心的空白。久而久之，就会形成依赖，离不了，放不开。

我愿打开心门，扫除恐惧

有瘾，想戒，你或许会一时意志力满满，自律性极强，什么苦都吃得了，再大的诱惑都能抵抗。也许相当一段时间内，你会觉得自己真的变得强大，瘾犯了也能管得住自己，一连扛了好几个月。然而，一时兴起的意志力并没有扛住时间的考验，短时间形成的自律性也随之垮塌，瘾又回来了，戒不掉的还是戒不掉。为何？因为你并未击中成瘾的实质，所以即便是持续数月的自律，也不过表面功夫而已。

成瘾，其实是内心有恐惧感，想要寻求保护。如果认识不到这一点，即便耗费一生的时间与成瘾斗争，都不能取得长效，最终归于徒劳。也许老之将死的那一天，你仍浑然不知，还在责怪自己：怎么就戒不掉呢，是我自己做得还不够好？

寻求安全感并没有错，但我们完全可以找到更加积极的方式，而不是靠成瘾。不妨大声告诉自己：“我戒不掉＿＿＿＿＿＿＿＿＿＿，我愿意积极解决这个问题！我愿驱走内心的恐惧，我不必再依赖＿＿＿＿＿＿＿＿＿＿＿＿给我提供所谓的保护。我是安全的。”

5 上瘾与长胖

生活中的方方面面，你是否有什么戒不掉的坏习惯？这习惯你不但一直没改，还根本没有想过其危害有多大。如果有，那就必须意识到：导致这种情况的根源在于我们自己的思维意识。若非潜意识作祟，我们就不会被戒不掉的坏习惯绑架，也不会显得脆弱和麻木。

我的世界，安好无恙

人一旦没有安全感，就会莫名地害怕空虚，故而想找点什么来填补内心。于是你找到了一大堆好吃的（或者别的什么东西），大吃特吃。胃填饱了，内心却还是空的。然后你开始生自己的气，生气自己吃成了个胖子，继而开始焦虑，面对美食不再开心，反而满脑子负罪感。其实，我们不能把长胖归咎于美食。应该想想：为何你总是没有安全感？生活中究竟是哪里出了问题？

也许你已经与肥胖斗争了二十多年，却一直收效甚微，这正是因为你没有看到：满身的脂肪，其实源自内心的恐惧。想要减肥，不必一上来就直击脂肪，而是应该先解开内心的疙瘩，消除心中那些絮叨着"我需要保护""我没有安全感"的聒噪声音。

也许镜中的你真的很胖，但请别和自己怄气，毕竟身体的每一个细胞都感受得到我们内心的想法。待到某天你不再恐惧，不再依赖外部的保护，而是内心安全感满满，脂肪自然就不会再缠着你不放，你会重获自信和美丽。

正视自己的问题，大声坦白地说出来："曾经的我没有安全感，总是__________________。"没错，说出来，便是为自己开启了改变的大门。今日的思想转变，会塑造明天更好的自己。

6 积极的内心认定

将积极的内心认定大声说出来的那一刻，你已经挣脱了枷锁，告别了受害者的心理和角色。此刻的你不再无助，不再迷茫。此刻的你，正在向世界亮出自己的力量。

在治愈心灵的道路上，我又向前迈进了一步

在内心做出积极的认定，是开端，是起点，是开启心灵疗愈的道路。在内心中积极认定，就是告诉自己的潜意识："我在对自己的生活负责，我明白我可以做些什么，我在创造改变。"坚持说下去，保持积极的内心，你会收获两种成效：一种，你会做好准备，摒弃内心一切消极的东西，继而你所认定的所有积极方面都会变为现实；另一种，你会为自己铺下一条崭新的大道，通往更新鲜、更精彩的新生活。也许你会有一场精彩的头脑风暴，也许很快就会有朋友来邀请你尝试新的事物，对你说："嗨，要不要体验一下？"这样的你，便是在治愈心灵的道路上，又向前迈进了一步。

积极的内心认定，让你的潜意识收获一份有意义的工作。

我敞开心扉，接纳改变

我们在内心做积极的认定，是期待创造美好，是因为我们相信自己值得这份美好。假若我们自己的大脑、内心，或者任何一个部分始终不能真正相信，那么积极的认定就是徒劳的，任何美好都无法实现。久而久之，浑然不知的你甚至会备感失望，感叹“什么积极的内心认定，啥用都没有。”

其实，问题的核心并不在于你做什么样的认定，最重要的是你要相信自己是值得的，相信自己配得上所有积极的认定。

我们都必须清楚地认识到自己是如何认定自己的。只有如此，我们才能保留对的部分，清除那些无谓的消极认定。

内心的答案，会自然地流淌到我的意识花园

如果你能对着镜中的自己说出内心的积极认定，那就放一支笔、几张纸在手边，这样就可以随时记下自己在镜前认定时内心涌出的消极想法。当然，任何负面想法并不需要一写下就立刻着手解决。可以在之后找个时间，好好坐下来，认真读读自己的所写，看看曾经的内心想法。

如果已经陆续记录了不少消极的想法，你便可以慢慢从中明白自己为何一直没有迎来想要的生活。然而，如果你始终未能发现自己的消极想法，任由它继续藏在心里，那你恐怕就很难迎来改变了。

7 生气

每次生气，都是在为自己的生活打开一只潘多拉魔盒，让今后更多的怨气源源而来。

生气是一种防御机制

生气是一种正常和自然的情绪反应。然而，许多人总是因为同样的事情一遍又一遍地生气，并且每当心中有气，又觉得发火不好，不该失态，便将气咽到肚里，闷在心里，这气便积在了体内，它专爱挑我们最喜欢的身体部位驻扎下来，越积越多，最终变成疾病，发之于外。年复一年，同一个身体部位积压了太多的气，疾病也就愈发严重。

想要治愈身体疾病，先要理顺心里的气，将它合理地发泄出来，不要继续积压在心里。如果不方便直接对当事人明说，不妨找一面镜子，想象镜中的自己就是对方，对其尽情说出自己隐忍已久的话。告诉对方："你真的让我很生气""我很恐惧""我很不爽""你伤害了我"。你可以尽情抒发，说个畅快，直到心中的气消散殆尽。随后，深呼吸，对着镜子问自己："究竟是什么让我总是生气？我能够做些什么，改改自己爱生气的毛病？"如此，一旦开启了思想上的转变，从潜意识里赶走了那个让你生气的魔鬼，你自然就不会再整天皱着眉头，怒气冲冲了。

生自己的气，是我们对待自己最糟糕的方式之一。对自己生气，只会让我们更深地陷在旧的泥潭里，无法自拔，走不出去。

我有权利做我自己

不要将气咽回肚里，闷在心里。生气时，要给自己一个真正能够释放的渠道。把脑袋闷在枕头中大喊几声，用拳头捶打床垫，敲击枕头，或者大声发泄一下，把心里的郁闷一吐为快，都可以。或者出去跑跑步，打打球，哪怕关上车窗尽情大喊几声，都无伤大雅，都是排泄怒气的健康方式。其实，无论是否生气，我都建议你每周捶几下床垫、击打几下枕头，这样可以很好地释放压力，无论是身体上的，还是心里面的。

8 追求完美

你总认为自己不够完美，所以一直不够爱自己。那么，要到什么时候才开始真的爱自己呢？等到自己变得完美的那一天吗？这简直是浪费生命！要知道，此刻的你，已经是足够完美的。相信我！

此刻的我，就是最完美的我

你现在就是完美的，正正好好，多一分则多，少一分则少。你无须向任何人证明自己，你完美地诠释了生命的统一。在生命的滚滚长河中，你有过这样、那样的生命角色，从婴儿到孩子，从少年到青年，再到现在，每一个角色你都完美地呈现。

在生命的每一个阶段，都要满足于自己的模样，不要渴望去成为别人。别人的生命是别人的选择，不是你的，待到你自己做选择时，你也会光芒闪烁。你是完美的，就在此时此刻。保持你最真实的样子，你已经足够好，你拥有生活全部的美。

不必苦苦挣扎，追求所谓的“更好”。你所要做的，是要一天比一天多爱自己一点，要深深地相信自己值得被世界热爱。爱，是人类最需要的营养，我们因爱而强大。爱自己越多，爱别人也就越多，这样，你就会为自己打造一个充满爱的世界。

让我们一起用爱描绘一个更美的家园，爱己，爱人。爱会抚平我们的伤口，治愈整个星球。让我们笑着看到镜中完美的自己，看到完美的自己拥有完美的生活。没错，我们是完美的。

9 内心的认定

生活其实很简单。是我们自己通过大脑的思维方式，通过内心的感想感受，创造了种种生活经历。换言之，你怎样认定生活，生活就会变成怎样；你怎样认定自己，自己就会真的怎样。很神奇？事实确实如此。

将旧的想法全部抛弃，我要在内心为自己做出新的认定

下面这些美好的话语，如果你愿意天天多想几遍，多说几次，它们就会转化为你内心新的认定，为你创造更美的生活提供动力。

不必害怕，不必恐惧。天地安好，我自无恙。

人生无须迷茫。我所探寻的每个问题，答案都已为我呈现。

我所需要的一切，都会在对的时间、对的地点，一一来到我的面前。

生活是一场快乐的旅行，旅途中满是爱的味道。

无论走到哪里，我都熠熠发光。

我愿意拥抱改变，我愿意接纳成长。

我的世界，一切都好。

10　从局限到无限

此刻的你在想什么？是积极的想法，还是消极的念头？你是否愿意让现在这个想法去塑造你明天的生活，决定你无限的未来？想法无小事，每一秒钟的想法，都要引起注意。

小小的我，拥有大大的潜能

“全部的可能性”，对你而言，这六个字意味着什么？不妨将它理解成“无限”二字。也就是说，这世界根本没有任何局限，我们可以跨越所有界限。也许曾经的你一直认为许多事情都不可能，但在今天，我希望你可以跨越思维的局限。不要再想“这不可能”“这不会有效的”，不要再说“这样做是不够的”“这样做是不行的”。突破思维的界限，我们要将局限变为无限。

你曾多少次说过这样的话：“我是女生，所以我肯定不行！”或者“我是男的，我怎么可能那样！”又或者“算了吧，我学历不够，肯定做不了。”你说这样的话，是因为你在内心为自己设定了界限，这些界限封住了你前行的路，而你只能乖乖地蹲在原地，不敢向前，不敢逾越。

要知道，正是这些内心的界限，让你无法触碰到无限的可能。每一次你说“我肯定不行”，都是给自己面前的那堵高墙增加了一块砖瓦，让你更加无法逾越。停下来，看看自己的内心，找到心中所有的高墙。现在的你，愿意将它们一一拆除，去拥抱属于自己的无限可能吗？

11 事业

事业成就于哪里？如果工作的地方充满爱与欢笑，对你充满肯定与鼓励，那么你会热爱这份事业，对其投入双倍的热情与干劲。你甚至会惊诧于自己迸发出的才华与能力，暗自感叹：“原来我这么能干！我以前都没有发现！”

追求事业，伟大而神圣

对事业的追求，是我们大脑中伟大而神圣使命的一部分。事业源于伟大的爱，同样也靠爱来维系。工作中，每一位员工都是被爱吸引而来，在对的时间，在对的地方，来到属于自己伟大而神圣的岗位上。和谐的空气萦绕在每个人的身边，所有人一起随爱而动，创造最大的生产力，绽放最开怀的笑容。

是的，是伟大的爱将每个人带到了同一个地方。我们的事业中，每一部分都伟大而神圣。伟大的智慧成就伟大的产品和服务，伟大的爱将你我汇聚在一起，彼此关爱，相互帮助。

所以，我们要摒弃曾经喋喋不休的抱怨与愤愤不满的咒骂，因为我们懂得，是我们自己的思维，决定了自己在事业中的状态。如今，我们已经深深地懂得并正式宣布：我们要做的，就是运用自己的心智将生活过得更加丰盈，更加充实。我们的生活充满爱与欢乐，因为我们有值得追求的事业，这是伟大而神圣的。的确如此。

看到别人事业成功，不要焦虑，不要眼红。请真心为他鼓掌，为他开心，因为成功每个人都会有，只要你愿意，前方多的是。

我们的事业，蓬勃兴旺，蒸蒸日上

我们所有人都是一个整体，拥有天地间普世的思想。因此，任何时间，任何地点，我们都拥有足够的知识与智慧。现在的我，抛弃之前一切消极的想法，不再局限于诸如“今天能挣多少钱”的狭隘想法。

我打开意识的大门，换上新的思维，相信会有更多财富涌入我的银行账户，所以我能够跨出巨大的一步，迈向更大的富足。我们不缺吃穿，生活无忧，年年有余，与人同享。成功的法则让我的财富源源不断，满足一切所需，生活富足殷实。

在这样的思维体系中，每个人的生活都欣欣向荣，因为我们生动体现了正确的财富意识。无论生活还是工作，我们都自在舒适，轻松从容，享受美好，因为我们拥有宁静的内心，拥有足够的安全感。

看着事业蒸蒸日上，愈发兴旺，甚至远超我们当初的期望，我们的内心喜悦满满，充满感激。我们用爱为事业祈祷。没错，一切就是这么美好。

每一份工作，每一个项目，你都能出色完成，屡屡拥抱成功。你在工作中的每一位伙伴，都因能够与你共事而享受荣光，团队愈发兴旺，大家欢欣鼓舞。

我们的事业充满阳光

外面的世俗世界纷纷扰扰，一切灰色和消极都与我们无关，我们无心观看。我们所憧憬、所拥抱的，是阳光积极的一面。我们吸引来的事业伙伴，只会是正直的、美好的，拥有最高尚的道德与品格。

追求事业的道路上，我们所做的一切都充满阳光。我们一直心存感激，感恩自己可以有如此多的机会，可以做这份事业去帮助整个世界，以及生活在其中的每一个人。我们探寻内心，将自己与更高的智慧相连，让其指引我们，为天下所有人的福祉付出努力。每一个工作环节都运转完美，每一位工作伙伴都身心愉悦，每一个工作瞬间都如此和谐。追求事业的我们，在正确的道路上前行。一切都好，对你，对我，对所有人。

12 改变

一切改变，都始于内心。从内心决定改变的那一刻开始，天地都开始助你一臂之力。凡你所愿，皆可实现。的确就是如此神奇。

一切改变，轻松实现

对所有人而言，改变自我都是相当长的一段过程。起初大家可能会觉得不适，会感到痛苦，甚至看起来仿佛更糟了，还不如不改。但请相信，显得更糟只是暂时的。之所以感到痛苦，是因为你之前的生活像一团乱麻，而改变则是要一点点解开理顺，所以需要一个过程。不过没有关系，随着变化不断地发生，就会感觉越来越好。毕竟，理解人生道理需要时间，改变绝非立竿见影。过渡期之后，生活会越来越好，人生也会大不相同。

改变需要耐心。任何急于求成的想法都是在抗拒改变，片面追求结果而全然忽略过程更是错误的。我们要给足自己时间，让自己一步一步、一点一点地去学习、去改变。之后的人生之路，就会显得愈发轻松，愈发从容。

现在就大声对自己说:“我愿意改变！”怎么，你还有犹豫？你觉得“改变”二字并不真实？那么，是怎样的想法阻碍你改变的决心？要记住：任何想法，不过只是想法而已，只要是想法，就可以改变。

关上一扇门，自有另一扇门为你打开

人生就是一系列的关门、开门，生活则是走出一个房间，进入另一个房间，慢慢地积攒起经历。许多大门里充斥着旧的思维观念，它如桎梏般束缚着我们，毫无营养，毫无价值。我们想要关上这样的门，所以我们开启一个全新的进程：打开新的大门，探寻新的生活。在新的生活中，我们会得到新的学习体验，收获欢声笑语。

所有的改变只是生活的一部分，而改变中的我们需要时刻明白：我们是安全的，不必担心。开门也好，关门也罢，都是改变而已，无须恐惧。从我们初来人世，到我们归于尘土，我们打开过这样或那样的大门，而我们的生活始终是安全的，不过是在经历改变而已。我们与自己的内心和平共处，所以我们一路安好无恙，活在爱中。

温柔并坚定地秉持自己的认定与选择，坚韧执着，始终如一。这样的你，会更快速、更从容地拥抱积极的改变，收获不一样的自己。

我愿意改变自己

握住双手，十指紧扣，看看哪边的大拇指在上面？现在，松开双手，重新握拳，将刚刚在下边的大拇指换到上边。感觉如何？轻松，还是很难？也许第一次做你还不太适应，没关系，多重复几次，每次将两个拇指的位置上下互换。多做几次之后，现在感觉如何？是不是已经适应了各种双手握拳的姿势？是不是感觉轻松多了？

学习新东西也是一样，起初可能不适应，你所需要的只是多加练习。许多事情在第一次尝试之后，你可能会说“感觉不好，以后再也不做了”，然后你就真的再也不做了，重新回到先前的舒适圈，不肯向前迈出一步。倘若你愿意多练习几次，就会慢慢发现，新事物也可以让你从“不适”变为“舒适”。相信我，如果有什么事情像爱自己一样重要的话，那就一定值得一试。

一旦我们下定决心为自己的生活创造积极的改变，我们就化身为一块吸铁石，吸来运气，吸来美好，吸来自己想要的一切。

我愿意迎接改变，拥抱成长

正因为对新事物毫无了解，我们才愿意去探索，去学习。旧的思维一旦于自己无益，我们就应该将其摒弃，逐出大脑。我们愿意客观看待自己的问题，并且告诉自己："我不愿再做这样的自己。"

是的，我们相信，我们可以收获更多的自己。注意，这里不是"更好的自己"，因为这样的字眼总是暗示"我还不够好"。我们要收获"更多的自己"，没错，做自己就好，但我们可以收获更多。

改变与成长，无疑激动人心。哪怕直视内心的脆弱，哪怕去揭开心底的伤疤，都没有关系，因为我们需要改变，需要成长，需要收获更多的自己。

13 改变观念

此刻的你在想些什么？你此刻选择信什么、想什么、说什么，对你而言至关重要，因为它们会塑造你的未来。你现在每一刻的所思所想，会直接构成你下一天、下一周、下个月，甚至下一年的生活与体验。

一切只是观念，而观念可以改变

你几时肯定过自己？“我很漂亮”“我可以”，诸如这样积极的自我看法，你曾自己打消过多少次？如果你能对积极的自我看法说“不”，那为何不能转过头来，将那些消极的自我看法拒之门外呢？

也许人们会说：“我就是走不出这个想法。”不要相信这种说法，你明明是可以的，关键在于你要下定决心。尝试改变的你，不必与自己的大脑较劲。

每当那些消极的声音在头脑中响起，你不必焦虑，不妨轻轻地说：“我听到你的声音了，但我并不准备照做，不会再去相信。我不会再为消极的想法买单，我要拥抱不一样的思维。”是的，就这样，无须挣扎，无须拉扯，轻轻拒绝即可。

消极的声音总会有，听到了就客观面对，然后转身，潇洒地将其弃之一旁。

14 小时候

与所有人一样，我们的父母也是在自己认知范围内尽最大努力做最好的自己。许多事情，可能很多父母自己都不明白，又怎么教你？假若父母从来不知如何爱自己，那他们又如何教你学会爱自己？

从今天开始，为自己创造一个灿烂的明天

你的童年是甜蜜美好，还是不堪回首？无论哪一种，请不要忘记：今日生活的舵手是你自己，也只有你自己。你大可花时间去埋怨，去抱怨，责怪父母当年做得如何不好，回忆那时的环境如何对你不利。然而你所有的愤愤不平，到头来只会将你牢牢地锁在“受害者”的牢笼里，丝毫不能帮你实现你的理想，实现你的憧憬，这样做毫无意义。

要知道，你此刻的所思所想，会直接塑造你的明天。那么，你是想要一个沉闷消极的明天，还是一个欢声笑语的未来？请自己做出选择。

15 孩子

我们做，孩子学，大人的行动直接影响孩子的选择。所以，身为大人的你，需要先认真地问问自己：是什么横在自己心里，让我们不够爱自己？找到症结，然后勇敢抛弃，改变自己。懂得爱自己的你，会为孩子树立最好的榜样，为其奠定充满爱的人生。

经常与孩子沟通，打开彼此的心扉

我们与孩子之间有一条交流的纽带，维系着心灵的沟通。我们要确保这条纽带时刻连接，不要断线。多与孩子平等对话，特别是在孩子的青春期。遗憾的是，我看到太多家庭，往往在孩子刚刚开始分享自己的时候，大人便会一遍又一遍地说教："不许说这个！""不准做那个！""不许这样想！""这么做不对！""这么说不好！"

就这样，孩子一开口就会面临这样的"不准"，那样的"不许"，这样的"不好"，那样的"不对"。久而久之，孩子便关上了自己的接收器，不愿再开口，不想再交流。数年过后，孩子长大成人，父母渐渐老去，此时父母开始疑惑抱怨："孩子连个电话都不打给我。"是啊，孩子为何不给你打电话？因为很久之前的某一天，你们之间交流的纽带就已断线，沟通早已不在。

16 选择

从现在开始，用心去倾听自己的声音，听听自己都说些什么，留意自己如何去说。记住，不愿看到、不愿面对的都不要说，只说美好的，只说想要说的。没错，你可以选择说什么、做什么、想什么。你的选择，构造着你未来的生活。

人生时时都在选择

不妨将“必须”二字从自己的人生字典中擦掉，因为这两个字的压迫感太强，总喜欢说“必须”的人，为自己施加了太多的压力。你会说“不行，我必须起床”，或者“不行，我必须这么做”。你的口中总是“我必须这样”“我必须那样”，没完没了的“必须”，如同泰山压顶，让你时刻神经紧绷，喘不过气。

其实，大可将所有的“我必须”都换成“我选择”，简单的一个变换，你的生活将大不相同。从今以后，你做的所有事情不再是被迫为之，而是自己的选择。也许你不以为意，但请相信我，去试试，你会发现我说的没错。

17 完满

相信自己拥有无限的能量，这样才能更轻松、更从容地迈向完满的人生。

每一天都是完满的一天

你生命中的每一个时刻，都是完美、完整、完满的。在上天的指引下，一切皆可完满，没有残缺。你拥有无限的能力，无穷的智慧，无尽的行动力，还有无限的完整性。

每一个清晨，你带着满满的充实感醒来，相信自己在新的一天可以完成所有的目标。每一次呼吸都如此饱满，每一处画面都那样完整，每一句讲话都这样完美。你所做的每份工作，还有每份工作的每个环节，都圆满完成，达到你的目标。在生命的原野中，你不是独自拼搏。你不用挣扎，不用反抗，摒弃那些令人痛苦的一切，在生活中肆意舒展完满的自我。

工作与生活中，你可以接受许多神奇的帮助，它们来自许多隐形的朋友。如果你对他们敞开大门，他们便会随时相助，带你起飞。这样的你，会发现生活中的一切都井井有条，轻松惬意。

该打的电话打完了，该回的邮件发送了；项目有了进展，伙伴合作愉快。一切有如神助，按时完成，有条不紊。一天结束，所有事情都做完了，你成就感满满，感觉不错。是的，今天又是完满的一天。大声宣布吧，肆意微笑吧！

18 意识

我们是自我意识的体现。我们从来不孤独，不迷茫；我们从未被抛弃，被遗忘。我们是完整的，生活的一切美好与我们同在。

纯意识的自我

洞察自己的内心深处，看到内心那个纯粹意识化的自己。那是纯粹的光，是纯粹的能量。继续凝视，想象所有阻碍自己的障碍一个接一个地倒下，一直看到自己重新安好无恙，身心痊愈，平和完整。你要相信，无论生活如何波折，无论世事多么艰难，内心的你始终安全无虞，与自我浑然一体。你会一直安好，直到永远。

一段又一段的人生中，你始终精神饱满，带着一束光芒，美丽多彩，闪闪发亮。在人世间，有时候你会遮挡自己的光芒，但遮与不遮，光一直都在。只要你愿意拆除心灵的藩篱，冲破意识的阻碍，就会发现自己的光芒是那样绚丽，那样明亮。你是爱，是力量，你是一股精神，是爱的精神闪烁光芒。没错，这就是你，请亮出自己的光芒！

19 批判

每一次对人评头论足，刻薄批评，都是在挖一个坑。你想看到别人被绊倒，却不料自己也会掉进去。

享受做自己

你可曾想过，如果一辈子都不会有人对你横加指责，说东道西，人生该有多么美好？那样的生活，将会多么轻松，多么惬意！是啊，每天醒来你都知道，新的一天又将是愉快的一天，因为人人都爱你，没有人会驳你的面子，扫你的兴，这样的感觉真的太棒了。

也许你会笑笑，这只是想象罢了，哪有这样美好的事？可是你知道吗，这样的生活你完全可以拥有，可以为自己实现，可以为自己创造。在与自己的相处中，你可以让生活达到想象中的极致美好。你可以在清晨醒来时就立刻感到愉悦，因为你爱自己，享受与自己相处的美好。

爱批评的人，会招来更多的批评，因为这是他们的生活方式。他们生活在批评的世界里，在他们的眼里，人人都必须时刻保持完美，否则何来那么多批评？可是，纵观整个星球，你可曾发现有谁真的达到完美，或者完美的人真的存在吗？

爱真实的自己，接纳自己原本的模样

诚然，每个人在生活中都有自认为不够理想、无法接受的一面，因此，你可能会生自己的气，否定自己，折磨自己。你会酗酒、抽烟、暴饮暴食，用这些愚蠢的行为来和自己怄气，然而这些都不是最愚蠢的。所有的自我折磨中，最最愚蠢、对自己伤害最大的，是批评自己，责怪自己。我们要停止自责。不再责怪自己后，你也会渐渐不再责怪别人，就是这么神奇！因为我们身边的每个人都是一面镜子，你如何看待他人，映射出的是你如何看待自己。

所以，批评别人，即是批评自己。一旦我们真正学会爱自己，接纳自己，便会发现没有什么可批评的，自己很好，别人亦是。不要伤害自己，不要伤害别人。从今天开始，我们许下誓言：今后的我，无论发生什么，都不会再批评自己，否定自己。

20 值得

你所相信的，不一定是真实的，因为你脑海中的许多认定，其实都是别人给的恐惧。给自己一个机会，审视自己的内心。改变所有消极的想法，你值得所有的美好。

我值得生活中的一切美好

很多时候，我们大脑中会有一些鬼魅般的声音，不断告诉我们“你不会开心的”“你不会幸福的”。或者是在我们鼓起勇气去追求美好的时候，却无法摆脱曾经错误的认定。种种这些，都是我们在毁坏自己通往幸福的道路。是啊，美好的生活，如果自己都不相信自己值得，那岂非自己挖了支撑自己幸福的基础？如此一来，有人开始伤害自己，有人开始承受病痛，有人甚至遭遇意外，失去许多珍贵的东西。

所以，我们一定要相信：我，是值得的，我值得生活中的一切美好。

孩提时期形成的认知，我们一直携带至今。长大后，我们一路创造了种种生活经历，每一段经历都在呼应心中那套既有的思维体系。

我值得快乐的人生

许多人都错误地相信，自己不配拥有幸福，不配拥有快乐。如果你也是如此，那么请从现在开始，建立积极的内心认定，相信自己完全值得。告诉自己：我愿冲破父母设置的束缚，我愿跨越童年形成的局限。看着镜中的自己，大声对自己说：“我值得所有的美好，我值得光彩夺目的成功。我值得快乐的人生，我值得被爱温柔地环抱！”

大张双臂，向世界宣布：“我愿意敞开心门，接纳美好。优秀如我，值得美好的生活，接纳快乐的人生！”

21 人生的方向

无论走到何处，无论遇到何人，你都会发现有属于你的爱和美好在等待着你。

我的脚步，沿着正确的方向前进

在无限的生命中，你是完美的存在，完整如一。上天的指引与你同在，你的脚步永远朝向正确的方向，你的人生永远奔向正确的远方。你的人生，由你选择。选择正确的思维，来构筑你极致美好、极致快乐的生活。你的生活质量，体现你的内心状态。你热爱生活，你爱着自己。你始终是安全的，你的世界一切都好。

22 天地之间的法则

玫瑰永远是美的，它既是完美的化身，又处在不断的变化中。我们也是如此。无论在生活中扮演什么角色，人生处于什么阶段，我们都始终完美。

每一刻的我，都在对的地方

所有恒星与行星，都在按照特定的轨迹运行，这是天地的法则、宇宙的秩序。星辰如此，你我也是一样。也许天地间有许多事情让你困惑，让你不解，这是因为你只是一个小小的人类，你的认知范围十分有限。

如果可以上升到宇宙的层面去宏观思考，你会明白自己也是宇宙中一个小小的成员，如同繁星，生活在宇宙中属于自己的位置上，按照天地的法则生存和前进。所以，你的一生都是在对的时间，做对的事情。如此，你更应该选择积极的思维。此刻的生活是一块跳板，你要跃向更新的认知天地，走向更灿烂的明天。

懂得向生活诉说需求，大大方方地寻求生活的帮助。把想法告诉生活，接下来，从容等待美好的发生。

我所有的憧憬，都会在对的时间，对的地点，一一为我实现

建立内心认定，写下愿望清单，画出生活寻宝图，做画面想象训练，还有，写下日记记录心声。这些疗愈方法全都好似我们去饭店用餐，服务员记下我们所点的菜品，然后送去厨房，交给厨师，你只需坐着等待就好，什么都不必管。因为你知道，过不了一会儿，你点的菜品就会有人端来，呈现在你的面前。所以，你不会每隔几秒就问服务员，“我的菜做好了吗？”“厨师是怎么做这道菜的？”“厨房里的人们都在干什么？”这些问题，你从不必问，你只需要点餐，然后静待食物送来就好。

同样，宇宙也有宇宙的厨房，我们是天地之间的客人，你许下生活的愿望，宇宙自会收到我们的下单，一切自会有人为你料理，帮你备好。我们所有的憧憬，都会在对的时间，对的地点，一一为我们实现。

23 自然灾害

在大脑中想象一幅喜爱的画面：一朵鲜花，一道彩虹，或者想象自己唱一首特别的歌，去一个美丽的地方。记住这个画面，今后每当恐惧来临，就让它出现在你的脑海里。

我与地球，和谐共处

我深深地相信，并为自己认定：我是爱自己的，我会肯定自己，接纳自己。我的世界里，一切都好。我呼吸着每一口宝贵而充盈的空气，放松自己的身体、心灵与情绪。为什么要吓唬自己呢？完全没有必要。生命中的一切都一派和谐，太阳、月亮和每一股风、每一滴雨，整个星球的运转，都安好如初，给我满满的安全感。那些重置地球的力量，都是我们的朋友，我们和平相处，将自然看作伙伴。天地之间，我灵活自处，随生命而动。我知道，我始终是安全的，没有任何力量能伤害我。

无论睡着还是醒着，无论静着还是动着，我都绝对安全。安全的不仅是我，还有我的朋友和家人们。所有我爱的人，都会一直平安。天地的力量将我创造出来，也一定有能力将我保护完好。无论遭遇什么，天地都将护我周全。我为自己建立一个完整的世界和安全的家园，我走到哪里，哪里就是安全的港湾。没错，我是安全的，发生的一切都只是一些变化，而变化无须恐惧。我爱自己，认可自己，相信自己，所以，我的世界，一切安好。

24 情感

凡与过去纠缠不断的情感，都要一一放手，否则过去的伤痛会一直刺痛今天的自己。人如果能够完全活在今天，就不会被昨天伤害，无论那些记忆有多么不堪。

我始终是安全的

压抑自己的情感，把伤痛闷在自己心里，这样做只会在自己心中引发灾难。足够爱自己的人，会允许自己正视自己的情感。有人会说“借酒消愁”，但把自己泡在酒杯中只会麻醉自己，让自己丧失知觉。我们要允许情感从内心深处迸发出来，让情感自然流淌，这很难吗？

也许尝试的过程中你会尴尬，会抗拒，会听到脑海中的旧思想、旧声音劝你放弃，这都没有关系。你要学会建立积极的内心认定，慢慢地，你的情感会表露得更自然，更流畅，更舒服，你不再将一切憋在心里。告诉自己：“我愿意细心感受自己的真实情感”。更重要的是，记得不断对自己说出那句话：“我是安全的。”让情感自由流淌吧，真的没有关系。

25 上班

相信我，总会有人需要你的才华，青睐你的能力。在生活的棋盘上，你整装待发，锐意进取。

上班给我快乐

在此我要宣布：我的工作，表达了上天的意愿，上班给我快乐。感谢每一次机遇，让我可以带着天地赐予的智慧投入工作。每次面对挑战，我都知道这是上司给我的机遇。上司是谁？不是张三，不是李四，而是上天。上天助我成长，催我奋进。我不张扬智慧，将锋芒收敛，静待赞扬的话语流进我的耳朵，注入我的大脑。我享受着快乐的时刻，这是我出色完成工作的奖励。

每一次激动人心的成功，都不是我一个人能够成就的。工作中的我，身边有那么多战友。我的同事们，在开拓方面是全人类中最给力、最有爱、最上进、最有热情、最有力量的一群人，而他们自己甚至都浑然不知。在我眼中，勤奋投入工作的他们，是完美世界的最佳诠释。

我们的领导与董事长，一直与我们共进退。在他们的带领下工作，我的才能定会为我带来滚滚财富。毕竟，表达上天意愿的工作，总是回报颇丰。

26 活力

感受自己悦动的步伐，凝视自己明亮的双眸。没错，你是如此闪闪发光，就在现在，告诉整个世界！

享受健康，活力满满

身体是安全的家园，我们的灵魂栖息在里面。自己的身体，要尊重，要爱惜。我们张开怀抱，接受天地的能量，让它在我们的体内畅然流淌。

我们拥有充沛的活力，足以支撑我们幸福快乐的每一天。健康的你我，闪耀着活力的光芒，感受着生命的律动，彰显出蓬勃的能量！没错，我们充满元气，充满活力！

27　永生

今天是特别的一天，是生命中最激动人心的一天。今天的你，踏上了一生仅此一次的探索之旅。

永恒的旅程，永恒的变化

在生命无限的长河中，一切都完整、完满、完美。同样，生命的循环也一样完整、完满、完美。一切生命都有初始，有勃发，有成长；随着时间的推移，还有枯萎，有凋零，有离去，这一切都是生命完美的进程。我们要坦然面对生命的每一个阶段，这都是生命正常的演进，都是自然的演化规律。即使面对衰老与死亡，我们在经历悲伤之后，一定要明白，一切都是生命的轮转，生命自有规则，自有节律。

许多时候，生命会突然终止，叫人难以接受。也许是爱的人英年早逝，也许是心爱的东西摔坏破损。每每此时，我们会震惊，会恐惧，因为痛苦的思绪会汹涌袭来，提醒我们死亡终将到来，逃不过去。是的，我们都是生命，都有自己循环的终点。那么，是把这有限的生命活得饱满充实，还是选择草草敷衍，早早死去？其实，生命是不断轮转的，既无起点，亦无终点，有的只是一个又一个循环周期，从一种存在变为另外一种存在，从一种模式转为另一种模式。生命从来不会停滞，每一分、每一秒都是全新的。每一个终点，都是新的起点。

我们每个人都在生命无限的进程里，我们会经历一段又一段不同的生命。如果此生困惑不解，来生必定透彻澄明。

死亡？不存在的

躯体会死去，但意念不会离开我们，那是属于我们永恒的一部分。即便爆发激烈的争吵，意念也会一直恒定；即便关系已经完全破裂，意念也会一直坚定；即便死神来临，意念仍旧岿然不动，不会消亡。

意念是属于我们永远不灭的一部分。我们所认识的人里，每一位离世的，都不过是躯体化为尘土，但意念一直留在这里，无论过去、现在还是将来。也许眼下我们无法再见到他们的面容，但没有关系，待到将来你我的肉体也化入尘土，我们的意念会在新世界重逢。生命的长河中，没有失去，没有死亡，只有不断的能量循环，不断的变化轮转。

与自己的意念保持一体，便会摆脱所有纷扰的杂念，思想也会变得宽广。构成我们核心的意念与灵魂，会一直安好无恙，焕发活力。是的，请相信我。

28 人生的收与放

认真呼吸，一吐一纳之间，你会放下包袱，冲破束缚，放大人生的格局。这是一个很好的开始。

呼吸爱的空气，跟随生命而动

你的人生格局是在缩小还是放大？放大思考的空间，拓宽信仰的领域，加大对自己的认可，爱自然就会在你的生命中流淌，因为你放大了自己的生命。然而，如果你选择将人生格局缩小，便是亲手筑起一道墙，将自己牢牢关在墙角。

一旦你深陷恐惧或沉郁消极，就学着去认真呼吸，让悠然的吐纳带领自己打开生命的格局。畅然呼吸，弯曲的脊柱会一点点舒展，憋闷的胸腔会一点点顺畅，沉闷的心灵会一点点打开。

下一次面对恐惧的时候，不妨认真呼吸一会儿，然后问问自己："是收还是放？我想要怎样的人生格局？"

29 表达

又是全新的一天。踏上新的旅程，我向世界宣布，我要亲手创造所有的美好。

表达真我

今天，我在此宣布：我拥有伟大的意识，与上天同步，借上天之力。我的体内拥有上天赐予我的能量，为我实现所有的憧憬提供动力。我会大大方方地请求上天出现，满足我的需求，实现我的愿望。我会无条件地去爱上天赋予我的一切表达，因为那是最真实的真实。行走人生，上天与我合一，有其陪伴，我一路愉悦，尽情表达美好的自我。我的智慧在增长，我对精神的理解能力在变强，这样的我，每一天都能肆意表达最真实的自己，展现我内心的美与力量。

上天的指引一直陪伴着我的生活，我做每一件事，都有充裕的时间。与人相处时，我会表现智慧，表现爱，表现强大的理解力，因为我说每一句话都有上天的指引。工作中，我会表现令人惊叹的创造能力，妙语连篇，下笔有神，以我的智慧与脑力，游刃有余。生活的乐趣与向上的精神是我意识中的常客，所以我的一切表达总是饱含快乐。接收快乐的信号，循着智慧的足迹，我踏步前行，将所有的美好都生动地体现在我的生命里。

以成就自我的方式表达真实的自己，这是你与生俱来的权利。

自由表达，展示真实的你

你知道吗，你是多么地幸福，拥有绝好的机会去活出自我，尽情表达真实的自己。你是天地创造的美丽，你是宇宙快乐的源泉。你用真诚与正义为自己加冕，深知自己所做的一切都是上天正确的指引。无论结果如何，对你、对所有人都是完美的结局。

天地以其力创造了你，这力量就在你的身体里。你是那样美好，在自我的生命中感受着阳光与快乐。生命的宠爱，你欣然接纳，尽情享受。你可以大声说："就让生命继续美好吧！"然后，你此刻的世界便会精彩延续，处处美丽。

30 家人

与家人相处的法则其实很简单：如果你希望家人爱你，接纳你，那么请你先去爱他们，接纳他们。

用心，用爱，祝福我的家人

不管如何，我都相信：我的家人独一无二，不是人人都能生在我这样的家庭；我的家人都能敞开心扉，坦诚相对，更非人人都能拥有。邻居如何评判非议，随他们去；社会也许戴着有色眼镜，我们亦无所畏惧。我们不会为别人的声音而活着，我们这个家庭，因爱而生。我们带着骄傲，敞开怀抱，接纳每一位成员。

我是独一无二的存在，值得被人所爱。在这个美好的家庭中，我爱每一个人，接纳每一个人；同样，人人也都爱着我，包容着我。在这样的家庭里，我是安全的，我的世界一切完美。

31 父亲

你是如何对待父母的，又是如何对待爷爷奶奶、外公外婆的？要知道，今天的你如何对待他们，来日当你白发苍苍时，你的儿女就会如何对待你，不会错的。

我用心中的爱，与父亲共情

你与自己的父亲之间，可曾有矛盾，有心结？如果真的有，不妨静下来，做个冥想。在脑海中与父亲真诚对话，这样便可扫除心中的积尘。原谅父亲，原谅自己。轻轻告诉他，你是爱他的，就像他那么爱你一样。

没错，释怀那些陈年旧事吧，解开疙瘩，清除惨痛的记忆。唯有这样，你才能够继续向前，拥抱阳光。只有思想更新了，才会收获健康的关系和幸福的人生。

32 恐惧

许多时候，生活精彩且绚丽，而你总怕某天会发生坏的事情，一切美好都将离你而去。焦虑即是恐惧，是不够相信自己，且将所有恐惧都看作自己身上脆弱的一部分，这个部分易急，易躁，总是多虑。每当恐惧来临，不妨坦然告诉它:“我听到了你的声音，但我不会在意。”然后挥一挥手，让它走开。

最好的保护，始终将我环抱

我们需要明白一件事情：每当恐惧来袭，它的初衷其实都是想要保护你。或者说，恐惧本身就是一种保护欲，难道不是吗？我们之所以产生害怕的情绪，正是肾上腺素在飙升，以便在危险来临之际保护我们的身体。

面对恐惧，我们大可以对它说："谢谢你，我明白保护我、帮助我是你的本意。"我们可以针对恐惧本身做出积极的内心认定，客观面对恐惧，感谢它的好意，然后潇洒地走开，不再理会。

33 原谅

关于原谅，我们总是纠结“如何”去做，其实大可不必，只需要在内心“愿意”原谅即可。是的，有此“愿意”二字便足矣，至于“如何”原谅，自有天地帮你料理。

放手过去，对所有的不悦轻轻说一声“没有关系”

谈到“原谅”这个词语，你第一个想到了谁？你的生活里，曾经有谁让你咬着牙发誓，永远不会忘掉，永远原谅不了？是怎样的事情，将你一直牵扯在过去？要知道，久久不肯原谅，是一直将自己牢牢困在过去的牢笼里。走不出过去，便无法真正活在今天，享受现在。然而，想要创造未来，就必须活在现在。

原谅别人，其实是将礼物送给自己。这礼物是一把钥匙，帮你打开过去的牢笼，将你从不堪的经历、破碎的关系以及所有难过的记忆中解脱出来，还你自由之躯。选择原谅，你就可以从过去飞跃至今，真正活在现在。原谅别人，原谅自己，你便是赋予自己真正的自由。

一旦选择原谅，你会体会到前所未有的自由气息，让你压抑已久的内心重新畅快呼吸。很多时候，你需要原谅的是自己，原谅自己一直以来不肯放过自己，原谅自己这么长时间总拿过去的痛苦折磨今日的自己，原谅自己不够爱自己，原谅自己一味沉溺于过去。从今天开始，学会爱自己，原谅自己，原谅别人，活在今天，放手过去。想象所有痛苦的记忆和过往的负重都从两肩卸下，你亲手开启自己内心的大门，让阳光洒进你的心中。

每个人，只要心中有爱，从爱出发，就会永远安全地活在这人世间。所以，原谅所有人，原谅你自己，原谅一切过往的伤痛，这样的你，会一直安好无恙，一直幸福下去。

34 自由

在自由的灵魂中，你可以让自己自由自在地活着，全都由你自己去选择。在这里自由自在，在那里一样也可以。无论何处，你都可以拥有自由，只要你愿意。

我是自由的

我深深相信：我不仅仅是一副肉体，我还是精神，是光，是能量。我眼中的自己，拥有真正的自由。在思想之中，我是自由的；在情感之中，我是自由的；在所有关系之中，我是自由的；在身体里面，我是自由的；在生活里面，我仍是自由的。我愿时刻让自己与灵魂紧密联系，而灵魂是绝对自由的。我愿冲破所有界限，跨越所有凡人的恐惧。这样的我没有任何局限，自由驰骋在这浩瀚宇宙里。

生命，绝不止眼前的问题、困难和疾病。与灵魂联系越紧密，就能获得越大的自由，开拓更加广阔的领域。我的灵魂会指引我走向美好，而对于灵魂，我绝对相信，因为它知道追求自由无须恐惧，自由与安全并不相悖。在对自己的爱中，我是自由的。我允许这份爱自由地流淌在我的全身，滋润我的每一个细胞。追求自由吧，没有关系。自由的我绝对安全，我就是灵魂，我就是自由本身。

35 快乐

爱自己，意味着尽情享受生活的乐趣，无论在什么日子，无论以什么方式。自由放松，享受快乐。

35

亲手制造快乐的生活

你早已不是孩子了，身为成年人，随心所欲有何不可？任何时候，我们都可以为自己制造快乐。自己开心了，美好的事情就会紧随而至。这是宠爱自己的方式，爱自己越多，生活的快乐也就越多，道理就是如此简单。有什么可顾虑的呢？你有权利让自己快乐。自己的快乐越多，收获的爱也会越多。

爱自己，接纳自己，自我感觉就越良好，生活也会愈发充实。在这饱满充实的世界里，你一切安好，精彩无限。

36 悲伤

苦难来袭，以积极的心态正确面对，以自爱自信滋养心灵。如此，悲伤将会化成宝贵的人生礼物。

让爱发亮，闪耀光芒

每当痛苦来临，悲伤来袭，暗夜里闪现的一道光，哪怕小小一束，都能成为心里的慰藉，让我们不再感到孤单无力。将这束光看作洒在我们身上的爱，爱给我们温暖，平复我们的心绪。其实，这束光一点都不难寻觅，它存在于我们每个人的心里。让爱发光，它会滋养我们的心灵，给人温暖的力量。

你我身边，都有心爱的人已经离开这个世界。然而，他们闪烁的光芒，我们仍能看到，让这爱的光芒将我们照耀，将我们围绕。我们每个人，都有无尽的爱可以去释放，去给予。释放的爱越多，收获的爱也会增加。也许有时感觉很疼，但要庆幸我们至少还有机会去感受，我们还有心，还有情。让我们一起用爱抚慰自己的情绪，恢复内心的平静。

一起来吧。

37 成长

成长中的我们，可以将自己打造成为快乐无限多、潜能无限大的人。没错，我们完全可以做到，从小我就对此深信不疑。

我爱自己，毫无条件，毫无保留

亲爱的，你的童年是否也经常遭受打骂，让你总是害怕？今天的你，是否仍会因为一点小错，就在内心深处自悔自责一番？如果确实如此，你便是在重蹈当年亲人们的覆辙。你如今早已成年，却一样对自己内心的孩子非打即骂，让它与幼时的你一样终日感到害怕。小时候面对大人的打骂，你尚且能设法逃跑；但那个住在你内心的孩子却能如何？他无处可去，所以承受了太多。

请爱自己，多爱自己一些，这样就能跨越幼时父母筑起的高墙。无须责怪父母，毕竟他们认知有限，当年的他们并不懂得更好的教育方法。

成长的道路上，你一直乖巧听话。今天的你已经长大，大可摘掉那顶“乖孩子”的帽子，大胆做自己的决定，让自己选择更光明的道路，成就更优秀的自己。

38 愧疚

愧疚藏在心里，既不可能让心情变好，也不可能改变已经发生的事情。停止愧疚吧，让自己的心灵走出牢笼。

无论犯下什么错误，我都选择原谅自己

一直以来，有太多的人头上顶着愧疚的阴云。你总说自己错了，总抱怨悔不该当初。你不断地道歉，不愿为曾经的错误原谅自己。你用自己曾经的无心之失，牵累别人也无法抽身。

可是，一味愧疚又有何用？心中有愧，并不能解决任何问题。如果你曾经真的做过什么错事，让你难以原谅自己，那就不要再错第二次了，仅此而已！错误如果可以改正，那就及时改正；伤害如果可以弥补，那就补偿对方；如果无法弥补，那就保持自省自律，谨防再犯错误。这就够了，何必一直拿愧疚折磨自己。

内心常怀愧疚，即是判定自己有罪。凡罪必罚，罚又带来痛苦，让你陷入恶性循环。所以，请放下过往，原谅自己，原谅别人，原谅一切，将自己解放，打开你亲手为自己扣上的枷锁。

39 和谐

生活中的一切方面，无论是这样那样的经历，还是我们与他人的关系，都是一面镜子，映射出我们的思维模式与内心活动。每当生活开始逐步向好之时，都是你在亲手创造更多的内心和谐。

和谐，是我的名片

我要在此宣布：我是神圣心灵的核心——完美、完整。我所做的一切事情，都有上天的指引，朝向对的方向。我的所做、所说、所想，全都与真理和谐相符。我做的每件事情，生活中的方方面面，都在完美地沿着正确的方向前进。不必害怕改变，改变中的我，会安好无恙。我要抛弃内心所有的困惑与迷茫，混乱与喧嚣，扔掉一切的不和谐、不尊重、不信任。没错，所有这些消极的东西，如鬼魅般在我心底作祟，今天我要把它们全部清理出去，一个不留！

和谐的我，与所有人都保持和谐。人们喜欢与我共事，享受与我相伴。我所表达的每一个观点，分享的每一个体验，都便于接受，易于理解。和谐的我，内心有爱，阳光快乐，人见人爱。我是安全的，无论走到何处，都会得到接纳，得到认可。我的世界一切安好，我的生活一路欢歌。

40 和谐工作

在自己的内心找一找：工作之中，可曾遇到什么不公，受过什么委屈？那种感觉是否刻在心里，难以忘记？没关系，找到就好，别再将这种感觉放在心里，学会放手，让它随风而去。好了，现在你自由了。

心的中央，是真理与宁静

我要在此宣布：无论我身在何处，伴我左右的，只有灵魂、上天、无穷的美好、无尽的智慧、无限的和谐，还有爱。唯此六者，再无其他。它们永远不会离我而去。同样，此时此刻在我的工作之地，我也要大声宣布：工作之中，只有无限的和谐，无穷的智慧，以及无尽的爱，任何意外，都能化解；任何困难，都有办法；任何问题，都能解答；任何挑战，都能应对。

工作中，偶尔会出现小小的不和谐因素，我会选择更宽的眼界，跨越问题的局限，寻求上天的指引去积极面对，找到正确的办法合理化解。这样的工作氛围体现出真正的和谐。暂时的不和谐，也值得置身其中，我愿从中汲取经验，在工作中更好地成长。我不再抱怨，不再指责，而是看向自己的内心，去探寻真理。任何可能导致不和谐的思维观念，我都愿意抛弃。

心向真理，真理将我解放。上天的智慧、神圣的和谐与天赐的爱一直伴我左右，将我环抱，也将这办公室中的每一个人揽入怀中。我们的事业是神圣的事业，每个成员、所有环节都兢兢业业。愿我自己以及同事都能享受内心的安全与宁静，都能拥有完美的和谐，都能目光坚定地去爱自己，笑意盈盈地去面对别人。让我们大家一起，把真理凝聚在心的中央，让快乐萦绕在每一个日子里。

41 自我疗愈

疗愈心灵，意味着接纳自己的全部。并非只是喜欢自己的一部分，而是所有，一切，全部。

于身，于心，在每一个层面，治愈自我

一路走来，是时候与自己共情一下，疗愈自己伤痕累累的身心了。潜入自己的内心，心底会有个声音告诉你如何治愈自己。没错，你要相信这一点。告诉自己，你已踏上身心疗愈的进程，勇敢发掘自我疗愈的能力，找到属于自己的强大力量和有效的方法。是的，你的能量难以置信。要大胆探索新的领域，挖掘更多的潜能，拓展更强的能力。就连你自己都不敢相信：原来我竟这样了不起！唯有这样，你才能够在人生的每一个层面真正治愈自己。

记住，你本身就是精神。作为精神，你有权解放自己，拯救自己；你有权解放世界，拯救世界。是的，勇敢去做吧！

42 疗愈的环境

病痛，往往源自一颗不肯原谅的心。原谅别人，放下仇恨，你才能够真正走上疗愈之路。学会原谅，甚至可以除病。哪怕凶险如癌症，亦可由心而解，与仇恨一起随风化去。

做自己的磁铁，为生活吸引奇迹

每一天，都有未知的美好向我奔来，给我惊喜。也许有万千规矩束缚，有种种限制阻拦，但我的生活绝对不会止步于此。我愿意改变思维，原谅一切需要原谅之人，在自我疗愈之中，迎接奇迹的发生。

每一家医院，每一个诊所，每一处药房，都会有特别的医师，他们不仅医术精湛，更具有智慧的大脑、开阔的思想。他们会在精神上为人解惑，指引方向。积极改变的我，无论走到哪里，都会吸引这样优秀的人帮助我，鼓励我。

我在内心创造一片疗愈的环境，这里有爱，有接纳，更有原谅。原谅是一块磁铁，每天为我吸来源源不断的惊喜与奇迹。我在哪里，哪里就是一片疗愈的环境，为我，为身边的所有人，带来幸福，带来安宁。

43 疗愈之力

如果不愿在内心改变自己，病痛就会一直阴魂不散，旧疾未愈，新疾又来。我们要学会自我治疗。疗愈身体，从疗愈心灵开始。

让自己周身发光，光彩耀目

深深潜入心底，发现自己内心那个小小的发光点。看到了吗？它在闪烁耀眼的光芒，多么明亮，多么绚丽。这颗小小的光点，就在你心中爱的中央；它耀眼的光，为你提供疗愈的力量。它充满生机地勃勃跳动，一点点变大，直到占据你的整个心房。

带着光芒，它从你的心中出发，沿着你的身体，从头顶到脚趾，将你的全身点亮，你周身闪闪发光，你在其中成长。这光亮是你自己满满的爱，这爱为你提供源源不断的疗愈力量。享受这光芒吧，让你的身体随它摇摆，随它律动，焕发勃勃生机，感受生命活力。

大声告诉自己："每一口呼吸，我都更加健康；每一次吐纳，我都元气大增。"感受自己的光芒，让它清除内心的垃圾，扫除身体的疾病。你的光芒会照亮整个房间，整个世界，特别是你站立的地方。

从今天开始，你的目光不再有局限。放眼整个宇宙，你是特别且重要的存在。没错，你在天地间拥有一席之地，你如何释放自己内心的爱，对你的世界至关重要。是的，你是特别的存在，是重要的角色，相信自己，持续释放疗愈的力量。

44 疗愈之手

每次病痛都是一堂课，让我们学到很多。将所学记在心里，生活就会变好很多。

用自己的手为自己疗伤，我的双手温柔有力

温柔地将手放在身上，这个动作显得多么自然，多么本能。这个动作也很古老，人类已经做了数千年之久。每当身体有疼痛，我们的第一反应往往都是将手放在疼痛的部位，柔和地捂着，缓解疼痛，给自己力量。感受双手温柔的能量，深呼吸，将内心的紧张、恐惧、怒气和痛苦一一平息，然后让爱流遍全身，滋养心灵。再次把心门打开，让更多的爱进入自己的身体，给自己更多疗愈的力量。你的身体自会明白如何加以运用，它深谙此道。

此刻，你是否看到自己发出光芒？让这道光芒从心底闪耀，尽情绚灿，尽情闪亮！让这一束爱的光芒，从心底流淌出来，流过手臂，来到手掌。然后，用爱的手掌抚慰身心，你的全身在这一刻骤然点亮。那熠熠闪光的，是真情，是理解，是关心。

看着镜中的自己，身心完整，愈合如初，你的双手充满力量。你值得世间所有的爱，你值得所有丰足与祥和。你值得最大的安全感，你值得享受关爱，享受呵护。请你张开双手，接受自己值得的所有！

45 帮你疗愈的伙伴

都是怎样的人，围绕在我身边？他们拥有疗愈的力量，提供人生的营养。他们关爱我的健康，为我的幸福着想。你要问了：如何才能拥有这般美好的人在身旁？其实，这与运气无关，一切都是我自己的选择。我可以选择，你也可以。

每一只轻触到我的手，都拥有疗愈的力量

我要在此宣布：我是独特的存在，享受天地的宠爱。我爱自己越多，天地就越会将其体现出来，为我的生活释放更多的爱。我明白，天地的力量无处不在，它存在于每个角落之中，存在于每件东西之上，还有每个人的心中。这股力量带着满满爱意，化作疗愈的魔力，它来到医治过程之中，贮藏于一只只温柔的手掌。任何一只触碰到我的手，都在释放这神奇的能量。

在治愈自我的路上，我只选择美好的人们与我同行。因为我的存在，专业医师也会跃升到更高的精神境界，释放更强的治愈能力。医生与护士会惊讶于一切神奇的变化，感叹与我携手工作，共同疗愈，竟能焕发如此的神奇魔力！

46 健康

如同生活中的一切，我们的身体也是一面镜子，反映了我们的想法与思维。身体中的每一粒细胞，都在时刻回应着我们脑中的每一个想法，口中的每一句话。

身体传递的每个信息，我都用心去倾听

这个世界瞬息万变，在生活的每一个角落，我们都要灵活应对。所以，你愿意改变自我，改变自己的想法，转变自己的思维，以获得更好的生活，拥抱更美的世界。你的身体是爱你的，哪怕你曾经对它百般忽视，不够爱惜。要知道，身体其实一直在与我们交流，而今天的你，愿意仔细聆听，用心感应。

你不再忽视身体的信息，而是选择积极正视，及时补救，在每一个层面，给予身体最大的关怀与爱护。你的身体则慷慨回馈，重新让你享受最大的健康和满满的元气。这样的你，无论走到哪里，都能够随时召唤自己体内最强大的力量。没错，就是如此。

何谓“健康”？百分之百的健康，意味着不会疲惫，不会乏累；意味着胃口好，吃得香；意味着晚上一秒钟入睡，早上起来神清气爽；意味着记忆力敏锐，意味着言谈幽默，意味着思维缜密，意味着行动有力；当然，还意味着诚实守信，为人谦和，心怀感激，爱人爱己。那么你呢？你的健康，达到了百分之多少？

思想、身体、灵魂三者协同，组成我的健康管理小组

我们的身体从来没有放弃过与我们对话，所以，每当身体发出信号时，这里的小病，那里的小痛，你都如何回应？往往你并不做什么思考，只是跑到药店，买些药片，一口吞咽下去，然后不耐烦地对身体说到："闭嘴吧你！我不想听你的声音！"这样的你，丝毫不爱惜自己的身体。

其实，在第一次感到疼痛时，在头一回感到不适的那一刻，你就要足够重视。不必急着买药回来让身体闭嘴，而是应当静静地坐下来，闭上眼睛，轻轻地问问身体："亲爱的，你想要告诉我什么？"然后用心感受，用爱倾听。身体的诉求也许很简单，只是想要告诉你"别再熬夜了哦"；或者诉求很严肃，需要你认真理解，更加重视。

如果期望生活得健康长久，那我们一定要和身体保持对话与交流。从今天开始，聆听身体的声音，与自己的身体、思想、灵魂一起，成为自己健康管理小组的积极成员。

47 假期

假期是什么？是一年当中我们最需要让爱充分流淌全身的时刻！我们生活在这个星球上，又是为了什么？是为了将爱送给别人，为了让爱滋养自己。

让爱的精神流淌全身，从头顶到趾尖

小的时候，哪一段假期最令你难忘？尽情回忆那段美好的时光，在脑中回想那个假期独特的场景，独特的气味，特别的美食，特别的感受。还有那一个个美好的伙伴，他们都是谁？你在其中又做了什么快乐的事情？

如果童年没有什么值得回忆的假期，那就把握现在，为今日已成年的自己创造一段美妙的回忆。在脑中尽情构思一个完美的假期，将自己代入进去。你知道吗，在你尽情想象的过程中，你的心会慢慢打开。而完美的假期之所以完美，很可能是因为你感受到了爱。这爱在哪里？并不在过去，而是就在当下，就是现在。让爱尽情流淌在你的全身，将自己充满爱的一颗心送给所有关心你的人。用爱环抱自己，环抱身边的每一个人。

假期的美好绝不仅仅局限于假期，你可以把这份美好放在心里，让它时时刻刻陪伴自己。记住，你就是爱，你就是能量，你是美好的原因。没错，就是这样。

48 家

如果要离开现在生活的地方，请先真诚地对这里说声“谢谢”，感谢这里曾经一直为你遮风挡雨，为你提供了很好的保护。用心感激，以爱告别。你只是想要离开，并非否定厌弃。不要说什么“我讨厌这个地方”，因为在这样的心态下，你会很难找到真正喜爱的地方。生活在哪里，就用心爱哪里，只有这样，你才能真正为自己打开一扇大门，永远通向更加美好的地方。

家是宁静的港湾

看看自己的家吧，问问自己：这个地方，是你理想的住所吗？这个地方，是否温暖舒适，充满欢声笑语，还是脏乱不堪，没个下脚的地方？是啊，一个家，如果不能让你感觉舒适，又谈何享受，谈何爱它？其实，家里的状态，就是我们自己的写照。你的家里是什么样子？不妨做个大清理，有效断舍离。

打开衣柜，把多年不穿的衣物清理出来，或卖掉，或送人，哪怕扔掉、烧掉，都可以。打开冰箱，把过期的食物、难吃的零食统统扔掉，将冰箱内部擦洗一新。没错，只有清理掉旧的，才能腾出空间，让新的进来。衣柜如此，冰箱如此，内心亦是如此。告诉自己："我愿意清理内心的衣橱，扫去旧的想法，拥抱新的思想。"

不要小看家的状态。衣柜与冰箱乱糟糟的人，往往内心与生活也会乱七八糟，一团乱麻。整理自己的家吧，让家中干净整齐，让生活精彩美丽。

49 收入

钱是一种能量，可以换取劳动，换取物品。钱本是一种交换媒介，一种物质形式而已。如果我们没有对它抱那么多的想法，下那么多的定义，它便只是几张纸，几个数字，没有什么意义。是的，关于钱，我们有许多憧憬，亦有诸多问题。但请相信，钱只是钱而已，关键在于我们选择如何相信、如何认定自己。

收入不断增长，钱包愈发鼓胀

增加收入最快的方式，就是在思想上下功夫。认真想想，你能够为自己做些什么？是要成为招财气的幸运儿，还是与财无缘的倒霉蛋，其实全都在于你的选择。一味地抱怨无济于事，你要相信：你的大脑之中有一个巨大的账户，你可以在其中储存积极的内心认定与自我认可，这些是我们最珍贵的财富。或者你可以选择不存储它们，自己切断自己的财路。

就在今天，向世界宣布："我的收入会不断增长，我的钱包会愈发鼓胀。我的生活，值得更大的丰裕和富足。"

50 无穷的力量

花同样的时间来思考，你会如何选择？是喋喋不休地抱怨，细数所有的“错”多么不值，多么遗憾？还是创造美好的想象，回味美好的记忆？与其花时间让自己郁闷生气，不如多爱自己一些，多想一点快乐的事情，这是为自己打造美好世界的最快途径。

我的手中，握着无限潜能

我们同在无尽的生命长河中，一切都完美、完整、完满。天地以其力量创造了我们，这力量与我们同在，伴随着我们。我们深知这一点，心怀喜悦。这创造的力量爱着它创造出的所有生命，包括我们每一个人。我们是宇宙的孩子，深受天地宠爱，享受一切恩赐。我们是天地间最高级的生物，一生所需我们已全部拥有。我们的大脑，时刻与天地的思维相连；宇宙所有的知识与智慧任我们尽情索取，只要我们愿意相信。

我们给予自己百分之百的信任，相信自己可以创造最大的美好与快乐，去完美助力我们作为个人的成长，作为生命的演进。我们热爱自己在天地之间的角色，此生选择以这样的生命形式存在于宇宙之中，我们感到由衷喜悦。每时每刻，我们都深深相信，我们可以不断塑造自己的个性，重塑自己的思想，甚至改造自己的身体，以更好地激发力量，释放潜能。我们是快乐的，因为我们拥有无穷的力量。我们的生命中，完整地存在着无数的可能。我们相信宇宙间聚合的力量，相信自己的世界会一切安好，美丽依旧。

51 住在内心的孩子

在改变自我的道路上，我们会发现内心陈旧的思维和消极的念头，在一一挖掘、连根拔起的过程之中，记得对住在自己内心的那个孩子温柔一点。用爱去安抚他，别让内心的动荡把他吓到。轻轻地对自己说一句：“我的所有改变，都会来得舒适自然，轻松愉悦。”

在每一个当下，给自己最大的爱

爱，是最好的橡皮擦。即便心底最深的痛苦印记，爱都可以将其擦去，因为爱是最深刻的，任何其他东西都无法将爱盖过。童年的经历也许并不快乐，泪水与恐惧也许已经在你的内心划出道道印记。如果你一味地说："都是他们的错，我无法改变自己。"那么，你便是为自己套上了心灵的枷锁。

多多在镜子前面照照自己吧。看着镜中的自己，从头顶到脚尖，无论是穿戴整齐，还是一丝不挂，你都要爱自己。看着自己的眼睛，将爱传递过去；找到住在自己内心的孩子，给他最大的关怀与温柔。

每个人的心里，都住着一个孩子。没错，他永远是我们笑谈中的“三岁小孩”，他是长不大的。可是遗憾啊，太多人往往只会对他大喊大叫，非打即骂，毫无耐心可言。末了，他还会困惑不解：为何自己没有快乐？为何生活止步不前？为什么呢？你要问问自己，问问自己内心的那个孩子。

张开爱的臂膀，抱紧自己内心的孩子

不要忘记自己内心的孩子，请给他温暖，给他关爱。每当恐惧袭来，其实是他在害怕；每当心中伤痛，其实是他在受伤；每当无助迷茫，其实是他在不知所措。所以，请抱紧自己内心的孩子，给他足够的爱，满足他的一切愿望。给他满满的安全感，告诉他：无论发生什么，你都不离不弃，永远守候在他的身旁。你会一直爱他，将他紧紧抱在你的心房。

52 学习

我们不可能代替别人学习生活的课程，同样，别人也不可能代替我们。每个人都需要自己经历，自己体会。待到需要学习之时，自会学到该学的道理。

每一天，都会学到新的东西

学习这件事情，很小的时候就已开始。当时学的是什么？法国大革命的起止时间是什么，诺曼底登陆发生在哪一天，文艺复兴的代表人物都有谁……其实，与其让孩子们死记硬背这一个个生硬的知识点，不如教会他们如何独立思考，如何爱己爱人；不如教教他们如何与人相处，如何为人父母，如何管理财富，如何呵护身体。

这些方方面面，才是生活中真正需要学习的东西。然而多么可惜，很少有学校会教给我们如何正确面对生活，如何正确面对自己。倘若小时候学过这些，今天的人生是否会大不相同，展现别样的风景？

53 放手

有没有什么习惯或观念，是你想要改变的？如果有，不妨问问自己：一直以来，这个习惯、这个观念如何影响着你的生活？它究竟给你带来了什么？如果将它放手抛弃，又会发生什么？许多时候我会听人说："我的生活也就这样了，还能有什么更好的明天？"何必这样消极？为何这般肯定？到底是什么让你认定自己不配拥有更好的生活？

任何让我生活变糟的念头，我都愿意放手，将它摒弃

每个人都会生出这样那样的习惯与观念，以迎合我们生活中方方面面的心理预期。许多时候，我们会爱，也会惩罚。然而，无论去爱，还是去惩罚，都会导致病痛，这叫人好不惊讶。譬如，你的潜意识会告诉你："爸爸有糖尿病，鉴于我爱爸爸，所以将来我也会得糖尿病。"

你没想到这一点，是不是？这种思想并不会显化在外，甚至连你自己都意识不到；但若探寻自己的内心，你就会发现，这种思维已经在你心底深藏已久。我们之所以会产生如此消极的念头，正是因为我们面对生活常常迷茫。你是否也会常常问自己："我究竟在难受什么？""我到底是在生什么气？""我都在逃避什么？""这样做，究竟能不能拯救我的生活？"

没错，如果你始终没有准备好放手，始终让内心旧的思维观念去迎合自己十分局限的心理预期，那么无论你怎么费劲，生活都不会发生任何改变。一旦你准备好了，开始学着放手，即使最小的努力也会换来最大的效果：旧的观念会一一消散，旧的习惯会一一抛弃。

你的思想，不仅来自你自己，还来自家庭，来自社会。思想，永远具有传染性。

我足够好，足够优秀

听，你的内心是否也有这样的声音："你不配有！""你不可能！""你不够好！""你还不足！"如果你也听得到，那么请放手，将这样的声音从内心清出去，告诉自己："这样的念头，我都愿意一一摒弃，从今以后不再相信。"

不必纠结，不必挣扎，放手，不是多难的事情。放手，只是改变思维而已。我们生来就该享受生活的美好，所以请对自己说："我愿意打开自己，接纳生活中每个时刻的充实丰盈，每个角落的兴旺富足。"享受美好是我们与生俱来的权利，你要坚定地告诉自己："我值得生机勃勃的生活，我值得所有的美好。"

你坚定的宣言，已经在内心实现，它将在你今后的道路上，一一得到体现。

54 局限

想法消极，喜欢批评，总是通过一双灰色的眼睛，透过十分有限的视野看待一切，一味地批评自己，不断地指责别人，你是这样的人吗？如果你被不幸说中，那么你确实需要时间来改变自己，换上一颗有爱的心灵。记住，在改变的道路上，要对自己有耐心。内心的转变需要一个过程，千万不要因为自己步伐太慢，就生气苛责自己。

我的生活，饱满而充盈

我要在此宣布：思维的局限一直阻碍着我奔向美好的生活，今天的我，选择积极突破。我宣布，从今天开始，我会将所有消极的想法从我的大脑、从我的意识中一一擦除，全部摒弃。今后，我的意识中将会充满积极，洒满阳光；我的大脑与内心将会注满爱的能量，它会给我更好的体魄，更多的财富，让更多的爱润养我与所有人的关系。

我会清除所有消极的思想，不再害怕失去，不再恐惧黑暗，不再担心受伤，不再担忧贫穷。我会关闭所有鬼魅般的声音，不再痛苦，不再孤独，不再伤害自己，不再贬低自我。从今天开始，我卸下内心的一切包袱，扔掉所有曾让我在暗夜中迷茫彷徨的愚蠢思想。

现在的我，可以自由选择，我要让所有的美好发生，点亮我的生活。从此，我的生活充实而丰盈。看吧！爱，向我滚滚而来；财富，朝我源源不断涌来；身体，迸发着生机与活力；创想，闪烁着新奇的光芒；还有和谐，还有安宁，时刻伴我，将我围绕。我值得这所有的美好，现在我就张开怀抱，将它们一一接收，我会永远拥有。生活的无限完满，有我的一份力量。在我的面前，是生活无穷的可能和无限的美好。

55 迷失

你从来不会迷失自我，因为你是神圣心灵的一部分。神圣的心灵之中，没有“迷失”二字。

我相信自己智慧的力量

广博天地之间，有一股智慧的力量，它无处不在，均匀分布在这宇宙之中。它存在于你的心里，也在你探寻的一切事物之中。每当你深陷迷茫，感到迷失，请不要急于下结论。所谓“是我走错了地方”，所谓“我迷失了方向”，都是不理智和慌张的表现，不要这么去想。智慧的力量就在你心里，在你探寻的所有事物里，它会教你振作起来，为你指引方向。

记住，在智慧的思想里，没有迷失，没有彷徨。相信智慧的力量，它就在你心里，在你身边任何一处地方。

56 爱

爱人爱己给予我们的最大回报，就是感觉一切都很美好。

爱，没有边界

这个世界有那么多的爱，我们的心中也有那么多的爱，然而我们却常常忘记，多么可惜。许多人甚至常常抱怨，说爱太少，说自己感受不到。久而久之，我们学会了把爱隐藏起来，害怕它露出来。我们把爱紧紧地关在心里，不敢让别人看到。然而，只有真正愿意学习去爱的人才会发现：应该让爱从心底流淌出来！我们释放十分的爱，就会有十二分的爱源源不断地补充进来，将我们的心灵填得更满。爱的补给一直都有，永远没有期限。

爱，是最强有力的疗愈。倘若没有爱，我们便无生存可言。初生婴儿倘若得不到爱与关怀，便会停止成长，甚至枯萎死去。许多人妄想没有爱也一样可以生活，而事实如何？没有爱的我们，根本活不下去。对所有人而言，爱是治愈一切的力量。所以，尽可能地去爱吧，每一天，每一刻，每一秒。

张开双臂站立，大声告诉自己:“我愿让爱流进我的心里。让爱进来，没有关系。”不妨多做几遍，一天至少三次。

我值得去爱，值得被爱

爱与呼吸一样，随时随地都在发生，无须苦苦寻觅，苦苦追求。因为你活着，所以你有呼吸的权利；同样，因为你活着，你就有爱的权利。知道这一点便足够。你值得爱自己，请不要理会任何阻碍你爱自己的声音。这些声音也许来自社会，来自父母，来自朋友。他们不断地告诉你“你还不够好”“你这里不足，那里不够”，请不要听。

真实的你，足够美好，值得尊重，值得被爱。这一点，你要明白，你要相信。只有你自己真的相信了，你才能够发现：原来，身边的人们其实都在爱着自己！

57 爱的世界

每一次放松身心的冥想，每一次治愈自己的想象，每一句治愈世界的话语，都是在释放爱的信号。所有与你一样有爱的人都会收到，你们以爱相连，充盈整个星球。

以我之力，构建一个安全的世界，让我们能够尽情去爱，没有顾虑

我们可以献出自己的力量，共同筑起一个安全的世界。在这个世界里，我们不再害怕，无所顾虑，尽情将爱释放。每个人都无须刻意改变，保持自己真实的样子，一样能够得到爱，得到认可。这样的世界，是所有人小时候的梦想。没错，就是这样——人们都能爱我真实的模样，不必非得个子高高，长得漂亮，才能得到大人的表扬；不必非得像哥哥姐姐们一样优秀，像邻家孩子一样听话，才能得到爸妈的夸奖。我只需要保持自己的模样，尽情做自己，也能得到爱，得到认可，得到褒奖。

小时候的理想，长大后我们仍旧不忘。此时此刻的你我，仍然希望以自己最真实的模样，得到爱，得到认可。但要明白，爱与认可，只有自己先给予自己，别人才会对你释放。一旦学会爱自己，爱别人也会变得容易。真正爱自己的人，不会伤害自己，不会伤害别人。真正爱自己的人，会摒弃所有偏见，不会对人指手画脚，指责这个不对，批评那个不对。只有我们真正意识到自己是多么美丽，才能收到进入理想世界的门票。没错，就是我们从小到大向往的那个理想世界：那是安全的世界，我们可以尽情去爱，没有顾虑，不再害怕。

58 犯错

一旦认定自己犯了错，就会不由自主地找点方法惩罚自己。

任何条条框框，都无法将我束缚

任何经历，都是通往更好生活的跳板，包括成功，当然也包括错误。爱自己，爱自己所犯过的错误，每个错误都是宝贵的一课，可以教会我们很多。错误给我们学习的机会，别再因为犯错而惩罚自己。记得去爱自己，爱这个愿意学习、愿意成长的自己。

59 母亲

爱父母，是爱他们真实的、本来的模样，而非你脑中期望的样子。我们与父母之间，应当无条件爱对方，坦诚相待，大方地说出各自的想法。如此，我们与父母之间的关系就会越来越好，越来越亲密。

我与母亲相处，双方有益，彼此舒服

你想要与自己的母亲保持一种怎样的关系？将你所想化为一句积极的认定，大声地对自己讲出来。然后，不妨把这种想法也告诉母亲。若她还是老样子，一说什么就让你窝火，请不要把负面情绪发泄给她。没关系，你有权利去过自己想要的生活，你有权利做一个真正的成年人，不必活在妈妈的指挥棒下。

然而，成年人的生活没有“容易”二字，你需要看清自己真正需要的是什么。也许母亲并不同意，并不支持，但请不要急于说她错了，一味地指责她。静下来，告诉她你的真实需求和想法就好，心平气和。

每次矛盾来袭，请不要争吵，不妨问问母亲：“来吧，我们一起看看，怎么解决这个问题？”记得真诚地告诉她：“妈妈，我是爱你的，我想和你和谐相处，亲密无间；同时，我早已不是你怀中的小孩子，我已长大，我需要做自己。”

60 负面思维

任何负面的想法，都会带来负面的感受。譬如，如果一直想着“我怎么这么糟糕”，那么内心就会陷入自我怀疑的状态，日常生活中感到消沉，感到难过。那么，如何摆脱负面的感受？先要摒弃负面的想法，思维改变了，感受就会变好。

用自己的双眼，看到自己的光芒

一切让你消极的心态，任何摧毁心智的念头，所有令你恐惧的想法，都把它清除出去，让它们远离你的大脑，远离你的生活。不要去听那些荼毒心灵的声音，别让自己陷入那些摧毁精神的对话。

今天的你，是强大的你，没有什么声音能再伤害到你，因为你不再听信那些消极的话语，不再任其伤害自己。尽管那些声音有时听起来似乎“很有道理”，但你不会被它蒙蔽，不会被它牵进负面情绪的泥沼里。那些声音如鬼魅一般，妄图将你激怒，令你恐惧，但你高高地跃起，所有魔爪都触不到你。任何摧毁心智的邪力，全都奈何不了你。

是的，消沉无益，只会损害心灵。悔愧无益，丝毫改变不了过去。从今以后，我们只想生活的美好，只说心中的憧憬。这一生中，你有许多事情需要去做，你做的远远不止“还行”而已，而是“棒极了”“好极了”。天地以其力量创造了你，也将这力量赐予了你。你始终是安全的，你的世界，一切安好。

61　新年伊始的决心

不妨以此作为自己的座右铭:“旅途是通向快乐的，生活是用来享受的！”

新的一年，我要在内心改变自己

许多人都会在新年伊始列出新的计划，下定一番决心，然而，却往往忽视了内心的改变，所以一切计划仍是徒劳，起初的雄心壮志很快就会偃旗息鼓，荡然无存。不愿在内心改变自己，外部的生活也会一成不变，下再多决心都没有用。

想要生活向好，你需要做的仅有一件事情，没错，就是改变自己的内心。改变想法没什么难的，毕竟想法仅仅就是想法而已。就连自我仇恨都可以改变，因为一切都是你脑中的一个想法而已。想法改变了，仇恨马上就会消失。

那么，新的一年，你会为自己做哪些积极的改变？去年未完成的事情，今年应如何完成？去年死死认定的想法，今年是否可以放手？为了期待中的未来，你愿意积极行动起来吗？那些能够真正改变生活的努力，你愿不愿意去尝试？

62 自我观察

观察自己生活中发生的一切，你会明白你是你，是独立于生活中的你，不是种种经历中的你，不是各种体验中的你。

认真观察，体会自己内心的变化

想要成为天地之间最快乐、最强大的人，需要做些什么？如果你能从自身做起，尝试了许多努力，而且明白自己的一切所思、所想、所说都会收到宇宙的回应，自己的一切所思、所想、所说在生活中都会实现，那么你已准备就位，可以开始观察自己。

不要评判，不要批评，只要静静地，以第三者的视角去观察自己，这也许是你要跨越的最大障碍之一。保持客观，观察自己，观察关于自己的一切。只是观察就好，无须做出任何评价。去观察吧。

一旦你真正开始观察自己，认真察觉自己内心的起伏，认真倾听自己的所思所想，感受自己的感受，观察自己的反应，理解自己的认定，你便是朝着更广阔的天地迈进了一大步。

63 合一

是毁灭整个世界，还是治愈整个星球？不必认为这个话题太大，选择其实就掌握在每个人的心中。每一天，我们真的需要找点时间，好好坐下来，向世界释放一些爱，传递一些能量。不要小看这些小小的举动，心灵的小小改变，意义会大不相同。

天地之间，所有生命合而为一，与我相连

我要在此宣布：我不仅仅是我，更是灵魂，是光，是能量；还是生命的律动，是斑斓的色彩，是温柔的爱。相比我所定义的自己，我的存在还要宽广得多。在这个星球上，我与每个人紧紧相连，与生命本身紧紧相连。我身体健康，充满元气；我完整完美，始终如一；我生活在一个安全的世界，可以尽情做自己；人与人之间可以勇敢地释放爱，不必害怕，不必顾虑。

我为自己选择相信，为所有人选择相信。此时此刻，是疗愈的时刻，是让所有生命完整合一的时刻。在生命完整合一的大圆之中，我是小小的一个部分。我，与生命同在，就是如此。

64 拥抱崭新的自己

心灵的成长，往往会以意想不到的方式实现。

亲手开启新的生活之门

生活好比一条长长的走廊，你站立其中，身后有许多扇门都已关上。那些是你曾经的所想、所说，以及种种经历，如今，你早已不再那样想，不再那样说，也不再会经历那些事情。不必再回首，转过头来，面前前方。在你面前，向前望，走廊望不到尽头，依旧有数不清的门，等待你去开启。每开一扇门，就会开启一段新的生活之旅。

随着你迈步前行，请为自己打开一扇扇新的大门，让自己活出新的体验，实现心中的憧憬。相信你内心的指引，它会带你走上最好的方向，你的内心会愈发成长，你的灵魂也会愈发强壮。要记得，无论打开哪扇门，关上哪扇门，你都始终安全，不必担心。生命于你而言没有尽头，你要相信“永远”。是的，你会在这条走廊之中永远走下去，开启一扇扇新的大门，拥抱新的体验，拥抱新的自己。

勇敢去打开每一扇门吧！这一扇，通往快乐的生活，那一扇，通向安宁的心灵；走进这一扇门，身心得到治愈，走入那一扇门，收获繁花似锦；还有一扇门，里面有爱，源源不断，温柔有力。新的大门，还有许多许多，门的后面，是理解，是共情，是原谅；还有自由，自尊，自爱和自信。所有的大门，都在等待着你去开启，尽情去开启吧。面对这么多新的大门，你是否会犹豫，要先去打开哪一扇门好呢？没有关系，只要记得，你是安全的，无论打开哪一扇门，都只是做出一些改变而已。

心存恐惧，往往是因为不相信生命的安排。下一次恐惧来袭时，不妨告诉自己:“我相信生活的安排，上天一定会护我周全，为我考虑。”

经历与改变，没有“错”字可言

从出生开始，我们就在长长的走廊中前行，为自己打开一扇又一扇大门。出生之门是一扇大门，也是一个巨大的改变。我们经历了上一段生命，来到这一段。打开这扇出生之门，来到这个星球，在接下来的全新岁月中，来体验全新的生活。我们选择了自己的父母，自那开始，便开始了这一段开门之旅。

我们来到这个世界，装备齐全。保证生活饱满且充盈的一切所需，都在我们手中，都在我们心里。我们拥有全部的智慧，全部的知识；我们具备所有的能力，所有的天赋；我们带着所有的爱，所有的感情。生活会一直支持我们，鼓励我们，会将我们照顾得很好，只要我们愿意相信，愿意放心。生活的路上，门一扇扇地打开，又一扇扇地关闭；然而，只要我们专注于自己，就无须不安，无须担心。无论面前是哪一扇门，我们走进去都不会受伤。生命的进程里，我们始终安然无恙。

某一天，我们会走到这条走廊的尽头，打开最后一扇大门，但这并不意味着生命结束。这段生命的最后一扇大门，也是通往下一段生命的第一扇门。打开它，迎面而来的是新的旅途，新的探险。

经历与改变，没有“错”字可言，每一扇门都是对的，每一段经历都很宝贵。今天又是新的一天，让我们一起迎接崭新的美妙体验。生活是爱我们的，我们会一路平安，请相信我。

65 别人

不必跑前跑后地试着帮朋友解惑，治愈别人的心灵。请先做好自己的内心工作，请先专注于治愈自己。一个完整、积极的自己，才能真正将治愈的力量传递给身边的人。

允许自己做自己，允许别人做别人

我们无法要求别人去改变。面对别人，我们能够做的，只是为其营造一个心态积极的氛围，方便他们在想要改变的时候去改变。请注意，所谓改变，只能自己去体验，去完成，我们不可能使别人改变，更无法替别人改变。

每一个人，都是在生活之中学习自己的课程，解答自己的疑问。即便我们一时替别人解答了疑问，解决了问题，对其而言也并无意义，他们还会遭遇同样的疑问，还会出现同样的问题。因为所谓的解答，并非他们自己的了悟，所谓的解决，亦非他自己的行动，他仍旧没有习得自己生活所需的道理。我们唯有站在他们身边，爱他们就可以。要允许别人做别人，要相信每一个别人：智慧就在每个人心里，待到他们自己想要改变的那一刻，改变自会到来，不会缺席。

66 父母

长大后的我们，都会有意无意地在自己的家里再现小时候的家庭环境。小时候与父母之间的亲疏关系和相处模式，都会表现在成年后你自己的家庭里。小时候你的父母之间是否和谐，是否亲密，也会体现在成年后你自己的婚姻里。

我已长大，我有权为自己做决定

许多人从小就和父母玩着极限拉扯的游戏，你按下按钮，打开游戏机，父母就按下按钮，关掉游戏机。你按下按钮，打开电视，父母就按下按钮，关掉电视。父母会按下许多按钮，关掉娱乐工具，激起你内心的不服与压抑情绪。但某一天，你会发现，游戏你真的不想玩了，电视你真的不想看了，不是因为父母的阻拦，而是因为你自己不再想玩，不再想看。没错，能够改变一切的，不是父母，永远是你自己。

此时的你已经长大，可以学着自己去做选择，去做决定。此时不妨试着不再称呼父母为“爸妈”，而是为他们起个昵称，甚至亲切地直呼其名，让你们三人不再是父母与孩子的关系，而是三个成年人相处，三个独立而平等的灵魂相处在一起。

67 内心的安宁

深入自己的内心，找寻思想的安宁，这个过程中你会始终安全，不必担心。每一次深入心底的探险，都会发掘出自己内心的宝藏，它们是那样珍贵，那样惊艳。

安宁的世界，将我的心包裹在中央

我在此宣布：外部世界无法触碰我的内心，能够掌控我的，唯有我自己。我会守护我的内心世界，这是我为自己开垦的一片花园。为了内心的和平与安宁，我会做出一切努力。一颗安宁的心，是我健康身体的保障，是我幸福生活的根基。我深深潜入自己的心底，找到内心深处那片安宁祥和的园地。那是一方安静的池塘，深深的，静静的，没有波澜，没有风浪。池塘的四周，是绿的草，高的树，它们将心的池塘温柔环抱。天空中时而飘过几朵白云，我躺上去，云朵轻轻地将我抚摸。我听到水流叮咚的旋律，轻柔而欢快，让我的耳朵放松，让我的内心安宁。

无论选择何种方法体会自己的内心，我都能够收获一片宁静。我的心，在宁静世界的正中央。在生命充满创意的进程里，我就是纯粹的本质；在生活变幻不定的长河中，我就是不变的恒定。在内心的安宁中，我创造着；在内心的安宁中，我生活着；在内心的安宁中，我体会着生命。我将自己牢牢锁定在宁静世界的中央，我的生活也会因之一派安宁祥和。

外面的世界，也许有混乱，有纷扰，但都不能将我触碰，因为我守着自己内心的安宁。身边诸事，也许有的荒诞，有的离谱，但都无碍于我，因为我平静淡定，岿然不动。宇宙之间，有完整的秩序与伟大的安宁，我以我的生活将其完美展现。我选择用安宁表达生命，因为我自己就是安宁的化身。没错，我坚信。

68 语言的力量

从今天开始，认真倾听自己说了些什么。一旦发现自己语言消极，思维局限，下次就请避免。改变自己，从说的每一句话开始。

心中所想，都是积极；口中所说，皆是阳光

明白语言的力量，就不会口不择言，而是三思而后言，始终话语积极。要知道，宇宙是敏锐的，无论我们想什么、说什么、信什么，宇宙都会予以回应，一口答应，从不拒绝。

换句话说：如果你认定自己不够好，那么宇宙就会呼应你的所想，让你一直不够好。如此，你的生活就会乱七八糟，你的愿望总是实现不了，因为这是你自己选择并确信的。宇宙只是回应你的选择，将你自己认定的东西给予你。

反之，待到你自己选择改变之时，待到你自己认定美好的那一刻，宇宙亦会同样予以回应，将你内心所想、口中所说的所有阳光与美丽一一送给你。

69 赞扬

所有人，在眼下这一刻，都是在做着最好的自己。如果此刻我们有更高层次的认知能力、理解能力与意识水平，我们还会做得更好。但此刻仅限于此刻，既然没有更好的，此刻的我们就是此刻最好的自己，我们应该为自己的所有努力尽情鼓掌。

任何一刻，都是最好的自我

不要吝啬对自己的赞美，时刻告诉自己你有多么美好，多么神奇。永远不要责怪自己，不要否定自己。每次尝试新的事物，不要因为自己没有经验而打击自己，不要因为自己是新手而怀疑自己。多练就好，在练习中多多总结哪种方法行不通，哪种方法更有效。今后任何时候都要如此，每每尝试新的事物，接手新的任务，都要自信地做自己。不要气急败坏地对自己说“这个错了，那个不对”，而要温柔地告诉自己什么方法是对的。

不要忘记赞美自己，多夸自己一下，这样，下一次面对新的挑战时，你就能够从容自信，不慌不惧。夸自己，再夸自己，赞美的声音越多，你就越来越强大，越来越有力。很快，你就会掌握新的技术，学会新的方法，完成新的任务。

70 成功

面对成功，坦然接受，心怀感激。只有这样，才会有更多的成功光临。

真正的幸运儿，会一直收到美好的馈赠

要学着坦然接受成功，而不是小心翼翼地去交换。对所有人而言，成功是美好的馈赠，不必非要交出什么才能换取。如果有朋友送你礼物，请你吃饭，不必非得马上回赠、回请。坦然接受别人的礼物，开心享用请你食用的午餐，怎么，难道你不配吗？送礼与请客，不必急着回礼或回请，哪怕不回，也不是不可以。

馈赠，除了可以接受，也可以传递给别人。如果有人送了你一件礼物，但你并不需要，或并不喜欢，不妨真诚地说一句，“谢谢你这份礼物，我很开心，我很感激”，然后转赠他人，将美好传递下去。

成功来临，就坦然接受。享受鲜花与掌声，这是你应得的回报，不必不好意思，不必觉得对不住他人。接受就好，带上喜悦的笑容。

71 相处

人这一世，既为师，亦为徒，不妨多多自省:“来这人世走一遭，我究竟要学些什么？我又到底要教给别人什么？”其实，用爱与人相处，就是最有价值的功课。爱能够教给我们的，远比我们想到的多得多。

在爱的环抱之中，与所有人相处

用爱将家人们环抱，无论是身边的，还是已经离世的。用爱去拥抱朋友们，拥抱爱的人，拥抱另一半，拥抱所有同事，拥抱曾经的敌人。拥抱所有需要原谅的人，拥抱整个星球的陌生人。请一定要相信，你会同这世界上的每一个人和谐相处，你们会分享快乐，相互尊重，相互关心。

请相信，你的生活会有尊严，有宁静，有欢乐。尽管让爱去蔓延，让它环抱整个地球；将你的心门打开，释放更多空间，让无条件的爱源源不断地流淌进来。你值得爱，值得被爱。你如此美丽，充满能量。没错，请一定要相信。

72 放松

放松下来，享受生活。让自己相信：无论什么需求，什么心愿，都会在对的时间，对的地点，一一为你实现。

静享安逸

今天，做个不一样的自己，放松下来，把一切压力都抛诸脑后，让紧绷的神经松弛一下。现在，凭它何人、何事、何物，都不能搅乱你的内心。这一刻，你活在属于自己的自由世界里，没有束缚，畅然自在。这个自由的世界，由你亲手筑成，你用爱，还有一颗理解的心筑成。在这个世界中，不再有任何压力，你身边的一切，都在带你奔向更加美好的生活。

思想与语言，是你塑造未来的工具。你常怀感恩之心，因此好运与贵人总是将你垂青。在这自由的世界中，你身心放松，静享安逸。生活没有风浪，一派美好祥和。

73 摆脱阻力

深呼吸，长长地舒一口气，将心中所有的消极全都清除出去。记住，想要清除消极，最重要的是先摆脱自己给自己设置的阻碍。

我愿摆脱一切影响我奔向幸福的阻力

无论消极的声音在你的潜意识中潜藏多久，都要告诉自己：我愿将它们一一逐除。要坚定内心，将所有影响你奔向幸福的阻力都从你的心中清除出去。这些阻力，是你潜意识中消极的思维模式，是你脑中负面的主观认定。它们共同制造了你生活之中所有的坎坷，以及生命中所有的不顺。告诉自己：今后的我，不会再让生活乱七八糟。将那些消极的声音从心中逐出来，驱逐得远远的，直到消失不见，直到融化于空气之中，再也听不见。

好了，现在的你，心中澄澈宁静，所有垃圾全都一扫而光。你自由了！

74 放手过去

每个人都有必要定期为心灵做个大扫除，扔掉那些无用的陈年旧物，它们早已不再适合今天的你。擦亮所有积极阳光的想法，多看看，多用用，摆在心中醒目的位置。

轻松挥手，告别过去，相信生活的安排，解放自己的内心

关上一扇扇代表过去的门，放手陈旧的往事，忘掉伤痛的记忆；抹掉旧恨，抹掉那一句句“我恨他们”；学会原谅，不再咬牙切齿，不再满心愤恨。过去的你，也许经历过一些人和事，让你受伤颇深，不堪回首，无法原谅。那么，不妨问问自己：“这份恨意，我究竟还要在心中保留多久？昨天受到的伤，究竟让自己以后还要疼痛多久？”

静下心来，闭上眼睛。想象你的面前有一条小溪潺潺流淌。将那些陈旧的回忆都抛入溪水中，让一切伤痛，一切愤恨，一切的旧意难平，一切的无法原谅，都随着溪水静静流走，冲到下游，一点点化为泡沫，一滴滴散为水汽，直到四散开来，消失不见。是的，这条小溪就在你的面前，你有权力放手过去，解放自己。你是自由的。

75 摆脱消极

最需要学习的东西，往往最容易被我们抗拒。总把“我不行”“我不愿意”挂在嘴边的人，其实是在拒绝最宝贵的学习机会。

优秀如我，我为自己骄傲

重置自己的大脑，摆脱消极的定义，你会收获能量，变得强大。重置大脑的最好办法，就是找一支录音笔，录下自己的声音。记录自己认定的想法，回放给自己听。相信我，这样的自录自听会很有价值。

如果想要更有力度的录音，不妨请妈妈来帮忙。让妈妈录下一段话，每晚睡前放给你听。试想一下，每个夜晚，温暖的床榻上，听着妈妈亲切的声音，告诉你你有多么优秀，多么美好；告诉你她是多么爱你，多么以你为荣；告诉你在她的眼里，你有着无穷的潜力，无限的可能性。你能想象吗，这种感觉将会多么动人，多么美好！

76 怨气

所有的怨气与批评，所有的愧疚与恐惧，都来自于一味地责怪别人，却丝毫看不到自己对生活的责任。

爱，是生活的驱动力

不要把苦涩与怨气贮存在你心里，告诉自己：我愿意解脱，愿意原谅，原谅所有人，原谅自己。也许在曾经的某时某地，有人深深地伤害过你，请忘掉仇恨，用爱祝福此人，将他从你心中那灰暗的牢笼放出来。

属于你的，永远会在你手中，任何人都无法抢去。你应当得到的一切，会沿着宇宙设定好的轨迹，在对的时间来到你的身边。如果有什么迟迟未到，也请不要着急，时候未到而已，或者它并不属于你。理解这个道理，你就会心平而静气。要明白，消解怨气十分重要，我们不应让仇恨占据心灵。相信自己，你是安全的。爱，是你美好生活最大的驱动力。

77 责任人，还是“受害者”？

一直扮演受害者的角色，越入戏，反倒越舒适，毕竟是受害者嘛，错的都是别人，我又不必负责。然而，生活的法则不是这样的，我们需要用自己的双脚扎扎实实地站在这个世界上。生活是自己的，责任要自己负。

我有创造改变的能力

是自己负起责任，还是一味指责别人？所谓“责任”与“指责”两个词，虽都有一个“责”字，内涵却是天差地别。“责任”二字，意味着能量，意味着强大；而“指责”一词，却充满推卸的意味，怪罪这个那个，埋怨身边的所有人。“责任”是上天送给我们的礼物，它赋予我们能量，让我们去创造积极的改变。但可惜的是，许多人竟然将责任视为一种罪过。这样的人往往会以各种方式走上一条充满悔罪的道路，因为他们终究属于“指责派”，怪罪自己，也是指责的一种。

某种程度上讲，做个受害者也不错，毕竟错的都是别人，自己无须对自己的生活负责。甩手一身轻，多么舒服。所以，当你身边再有谁满心愧疚、频频埋怨自己有罪的时候，就让他愧疚去吧，我们并不能为他做任何事情。他们只有两种选择：要么接受自己有罪的事实，要么推翻这种认定，重新生活。选择是他们的，我们不必理会。毕竟，别人的自责，我们无须负责。

78 学会说“不”

许多人不懂得如何拒绝，只有在生病卧床之时，甚至遭遇意外之后，才能够坦然说个“不”字。其实，自己不想要的，就大大方方地向对方说一声“不”，真的没有关系。要相信自己。

用心爱自己，我有说“不”的权力

此时此刻，如果有人拿着一块刚刚出锅、非常烫手的土豆向你扔来，你会作何反应？你会接住吗？把土豆接住，让它烫伤你的手？我想问的是：明知这么烫，为什么还要伸手？一定要接吗？为什么不能直接闪开，它爱落在哪里就让它落在哪里？你看，拒绝是多么正当，多么自然的事情？甚至连礼物都是可以拒绝的，没有什么了不起。亲爱的你，能够明白吗？

如果不想要，如果感觉对自己不适合，那就勇敢说“不”，你有拒绝的权力，没有人捆绑你的手脚。面对递来的请柬，面对不同的意见，甚至面对一份礼物，乃至任何事情，我们都可以说“不”，这是我们的自由。调动自己思想的能量，鼓起胸中自由的意志，勇敢地去做自己真正想做的事情吧。

79 “我又没有错，错的是他们”

常常有人会抱怨“我心里不平衡”，然而人活一世，哪有事事都平衡？复仇也仅仅是一时的发泄而已，时过境迁，仇恨还会卷土重来，将怒火带回给你。所以请停止怨恨别人，卸下心中的仇恨。

放手过去的伤痛，解脱今天的自我

久久走不出昨天的阴影，放任仇恨与愤怒占据自己的心灵，拒绝体验当下的美好，拒绝承认今天的光明，这样的你，是在浪费时间，浪费生命。如果你将大把的时光浪费在喋喋不休的抱怨中，浪费在愤愤不平的指责中，你就要明白：需要原谅的不是别人，而是你自己。没错，死死地抓住过去的伤痛不放，是在拿昨日的刀刃割破今天的自己。一味认定“我是对的，错的是他们”，则是将自己牢牢禁闭在仇恨的牢笼里。

是要继续纠结一个对错，还是拥抱真正的幸福？试着原谅自己吧，放下心结，将自己解脱，别再拿过去的怨恨惩罚今天的自己。

80 “应该”

相信我，改变思想并非难事。变与不变，全在你的选择。

放下所有“应该”，给自己更多选择

许多人都喜欢说“应该”二字，譬如认定“我应该做什么样的人”“生活就应该是什么样子”，其实这样的想法十分愚蠢。何不将“应该”这个词逐出我们的字典呢？“应该”二字，如同牢笼，束缚我们的生活，禁锢我们的思想。总把“应该”挂在嘴边，无疑于一直重复一个“错”字，要么自己错了，要么别人错了，反正都是错，让人不由得想到“是我自己不够好”，好一个满满的挫败感。

想一想，在你“应该做”的清单之上，真的每一项都是必须要做的吗？有没有哪些是可以删去的呢？今后凡是要用“应该”的地方，都可以用“可以”替换。“可以”是个平和的词，它不含指责，给予我们新的可能和新的选择，而选择即是自由。我们一定要明白：生活中的一切，都在于我们自己的选择，所以，没有什么是“应该”去做的。我们的一生，永远拥有万千种的可能。

81 睡觉

为什么要睡觉？好的睡眠，能够激活疲惫的大脑，唤醒倦怠的心灵，为身体注满元气，为心灵提供养分。闭上眼睛，安然睡去，在这可贵的一段安宁之中，放下所有焦虑与恐惧，忘掉一切坎坷与艰难。

抛掉所有烦恼，享受整晚的宁静

睡觉无小事。睡觉是自我恢复的时段，是一天结束的标志。几个小时的睡眠之中，身体会进入自动修复模式，消除一天的疲惫，为第二天的你准备最佳状态。大脑会带你进入梦境，将白天恼人的难题一一解决。一觉醒来，我们浑身清爽，焕然一新，能够以最好的姿态去面对新的一天。

入睡的时候，请不要在大脑中存留任何的不愉快和不开心，要带着美丽的心情进入梦乡。只有心情美丽，新的一天才能继续美丽；只有心情美丽，未来的路才能繁花似锦。所以，躺在温暖的床榻之上，请清理大脑，保持美丽。搜索脑海中的每个角落，扫除一切愤怒与指责，一切怨气与恐惧，扔掉所有嫉妒与生气，忘掉所有与人与己的过不去，还大脑一片美丽与宁静。放松身体，放松心灵，伴着起伏的呼吸，飘飘然入梦，酣酣然睡去。

82 解决办法

出于内心的某种需要，我们逐渐养成各种习惯，同时也为自己制造出诸多问题。其实，如果能以积极的方式回应内心的需要，生活会容易很多，问题也就不会再来。

所有问题，都有解决的办法

我们为自己制造的每一个问题，都会有解决的办法，不必焦虑，不必担心。不必将自己局限在凡人的思维之中，要知道，你能融汇天地的智慧，汲取宇宙的知识。浩瀚宇宙之中，你从何而来？是从你自己内心深处满满的爱中，而爱，能够为我们开启所有美好的大门。心中有爱，天地间就一定会有一股力量常伴你左右，在你面对一切挑战与艰险的时刻与你并肩作战，给予你能量，帮助你渡过一道道难关。

要明白，世界这么大，难题到处都有。这里难题的能解决，那里的难题能解决，那么你的难题也一定能解决，无须怀疑。扔掉焦虑与恐惧吧，将自己温柔地包裹进由爱织成的保护罩中，安全，安心，安稳。

83 精神力量

经常会有人说这三个字:“没办法！”请不要相信这种说法。浩瀚宇宙之中，永远存在伟大的治愈力量。这股力量，会治愈世间的任何事。

无穷的力量，源源不绝

太阳永远是发光的，也许会有乌云暂时将它遮蔽，但乌云背后的太阳不会停止发光。也许地球自转会让我们看到日落，但在另一个半球，太阳仍在继续照耀。太阳光是永恒的，同样，宇宙之间无穷的力量、伟大的精神也是永恒的，始终存在，源源不绝。它们是最强大的治愈力量，如同太阳一般，给予我们光亮。

消极的思维如同乌云，会暂时遮蔽心中的光芒。但请相信，那强大的精神，那无穷的力量一直都在，源源不断地释放出治愈的能量。

84 潜意识

重置潜意识之前，我们要先放松身体，释放压力，平缓情绪，让内心变得开阔和包容。多想自己的闪光点，真正学会自我认可。

生活，是大写的快乐

潜意识是没有辨别能力的，它不懂何对何错，不知孰真孰假。所以，不要随随便便就说什么“哎呀，我真是又老又笨”，因为潜意识会听到你的声音，不加分辨地刻录其中。说完这话，过不了多久，你就真的会开始感觉自己又老又笨。渐渐地，无论你说过什么样的话，不久之后都会入脑入心，让你不由得开始相信。因此，请别再自我嘲讽，自我挖苦，不要再贬低自己，贬低生活。任何消极的说法，都对你无益。

85 思想

美好来临时，如果你连连摆手，不敢相信，无异于将美好拒之门外。

积极的思想，是生活的阳光

每一缕思想，都是一颗水滴。同样的想法，想了一遍又一遍，一颗颗水滴就会汇聚起来，由小渐大，最终大到令人难以置信。起初可能是一片小小的水洼，然后慢慢变成池塘。同样的想法不断地出现，反复地出现，池塘就会变成湖泊，湖泊最终会变为汪洋。

满怀消极的思想，你会坠亡在黑暗的深渊之中；心怀积极的阳光，你会一直安好，悠然优游于生命的海洋之上。

86 时间

改变自我，不是口号，不是目标，而是一个过程，伴随我们一生的过程。不必在意要花多久时间，毕竟，所有的时间都在我们手中。

在对的时间，来到对的地点

生命的旅途没有尽头，一个站点接着一个站点，我们在无限的接续之中体验着一段又一段经历。在地球上生活的这不到百年，于无限的生命之中只是短短一瞬间。我们选择来到这个美丽的星球，是为了学习，为了更好地培育我们的灵魂，为了扩大爱的能力。来也好，去也罢，无所谓什么“好的时机”。时间没有对与错，生命的这场接续跑中，我们登场在中段，退场亦在中段。完成自己的任务，我们自会离开。

来世间走一遭，是要学习如何爱自己，如何与身边的所有人分享爱；是要学习如何把心打开，让爱更深入，让心更宽阔。离开之时，身外之物一律带不走，带走的唯有爱的能力，这是我们这一世的修行。试想一下，倘若今日便要离开地球，你积攒了多少可以带走的爱的能力？

87 信任

不信任别人，终究还是因为不够爱自己。不爱自己的人，无法坚定自己的主张，无法支撑自己的信仰。真正学会爱自己之后，你自然会充分相信自己。而相信自己，便是相信别人的起点。

伸出手，我能接纳天地之间更高的能量

是时候让意识觉醒了！看看自己手中的能力，看看自己巨大的潜能！现在的你，要在脑中摆脱什么烦扰？要给内心怎样的滋养？明日的你，能够创造怎样的精彩？请不要忘记，宇宙的智慧，天地的才思，全都握在你的手中。

生活会永远支持你，不会欺骗你。恐惧的时候，不妨感受一下自己的呼吸，认真体会每一次吸气，每一次呼气。呼吸是宇宙送给我们最宝贵的礼物，只要活着，便可尽情享用，没有限制。对于生命如此宝贵的东西，天地都能够慷慨地赠予你，没有丝毫顾虑，那么，你还在怀疑什么？此生的一切需求，天地都会让你一一满足，请尽管信任，尽管放心。

88 无条件的爱

改变心灵的路上，你会慢慢变成自己最好的朋友。时间久了，你会发现，与你相处最为融洽，给你快乐最多的人，其实就是你自己。

此刻的我，爱自己，接纳自己

爱自己，要从什么时候开始？对许多人而言，往往不是现在，不是此刻，而是将来的某个时间，并且必须满足某些条件。条件五花八门，或是“瘦下来之后”，或是“找到工作之后”，再或“脱单之后”，什么样的条件都有。仿佛这些条件达不到，自己就不值得被爱，所以“爱自己”这三个字在生活的日程之中一拖再拖，不知何时能够实现。

其实，即便你瘦下来了，找到了工作，找到了另一半，你也仍旧不会爱自己。你只会列出新的条件清单，继续逼着自己去实现，一轮接着一轮，永无止境。所以，爱自己，究竟应该什么时候开始，答案非常简单：就是此刻，就是现在。

无条件地爱自己，才是真正的爱。真正的爱，不会提条件，不会设要求。真正的爱，意味着接纳真实的自己，包容自己的全部。

89 独一无二

越长大，就越在意别人的看法。小的时候可以处处表现真性情，长大后却整日紧张兮兮，甚至在意邻居的看法。于是，你会时常心中不安，心情忐忑地问自己:“怎么办，人家会不会不喜欢我？”其实，这世间的每个人、每件事都是独一无二的存在，各有特点，本就不是为了求同。如果一味在意别人的眼光，你又如何表达独一无二的自我呢?

我就是我，独一无二的我

你是谁？你不是你爸，也不是你妈，不是家里任何一个亲戚；你不是曾经教过你的老师，更不是小时候读的书里那些条条框框的教义。你是谁？你只是你自己！天地之间，你是特别的你，独一无二的存在。你拥有独一无二的才情与能力，这些才情与能力专属于你自己。你所做的事情，没有人可以模仿；你创造的成绩，没有人可以复制。没有竞争，没有比较，你就是你，做自己就好。

独一无二的你，值得自己的爱，值得自己的肯定。你是宇宙多么瑰丽的作品！你是自由的，始终都是。你，就是独一无二的你，将这个真理放进心间，今后每一天都要告诉自己一遍。没错，就是如此！

90 团结在一起

意识觉醒的道路上，我们走在最前沿。用最广博的爱，与全世界所有兄弟姐妹，携起手来同行。

世界上的每一个人，都与我同在

世界仿佛永远分为两派：好人与坏人。然而，天地间却只有一种精神，伟大而无穷。天地以各种方式给予人类才华与智慧，我们之中的一部分人有幸拥有机会，将其充分使用。我们习惯将这部分人称作“他们”，但其实说到底还是“我们”。因为我们同为世上之人，我们就是整个星球本身。

要去哪里寻求改变？其实，我们在哪里，改变就在哪里发生。也许，很容易就能说出一句“他们是坏人”，一口一个“他们”，泾渭分明。然而，并不应该一味地划清“他们”与“我们”，同在这个世界上，大家休戚与共，紧紧相连。这世上都有谁？没错，只有“我们”！

91 生活的赢家

如果打算去听听别人的声音，那么建议你去听那些赢家的声音。谁是赢家？真正的赢家清楚自己在做着什么，并且会努力证明自己所做的价值。

我是天生的赢家

学习爱自己的你，自身的能量也会随之积聚。爱自己，能够将我们从曾经的受害者变为生活的赢家。爱自己，能够为自己打造“好运体质”，所有的美好都会朝你涌来。爱自己的人会满心愉悦，自信闪耀，魅力四射。自爱会形成独特的气场，美妙而强大。爱自己的人，永远是生活的赢家。那么我们呢？没错，只要愿意真心爱自己，我们也都会成为生活的赢家。

92 智慧

我们要学着去做适合自己、有益自己的事情，也要学着去倾听自己内心深处的声音。人生之中，困惑颇多，而你内心的智慧一直都在，为你揭开问题的答案，给你指引正确的方向。

遵循内心的智慧，迈向正确的方向

请从自己内心之中那片最美好、充满爱的地方出发，将自己锁定在爱的中央，真正去爱自己。要明白，你就是伟大生命最美好、最神圣的表达形式。无论外界如何纷繁复杂，你始终牢牢居于爱的中央。你有权力拥有自己的情感，也有权力表达自己的观点。没错，这些权力，都是你的。试着爱自己多一些，将心的大门打开更大一些。

有的时候，认真倾听内心的声音会有点吓人，因为你会发现，相比别人对你的期待，你的内心所说可能会截然不同。没有关系，毕竟别人的期待只是别人的声音，你的内心清楚地知道自己究竟需要什么。所以，请遵循自己内心的智慧，只有这样，你才能够与自己和谐相处。

去做对于自己来说正确的选择，支持自己内心的声音。每每举棋不定时，不妨问问自己："此刻的我，是否来自自己心中最有爱的地方？我的决定，是否能给我的心灵提供养分？我此刻的选择，对于此刻的自己是否有益，是否有价值？"犹豫之后的你，可能会稍晚作出决定，也许是一天之后，一周之后，乃至一个月之后。那时的决定也不一定正确，但你可以随时改变，没有关系。时刻多问自己："这样的选择，对我而言是否是对的？"不要忘记告诉自己："我爱自己，我的决定就是对的决定。"

93 工作

扔掉所有关于工作的负面想法，摆脱一切关于工作的消极认定，你会惊喜地发现：从今天开始，每一个工作日，都是一场欢乐不断的探险之旅。

热爱自己的工作，摆脱消极，享受其中

一提“工作”两个字，你会有何感觉？是累死累活不赚钱的苦差事，还是真心热爱与享受的快乐源泉？从今天开始，要坚定地相信，任何工作都能够大大地充实自我。工作中的你，可以收获快乐。宇宙会赋予你源源不断的创造力，无限的创意在你的全身肆意流动，每一项任务都会圆满完成。这样积极的内心认定，请在今后多多告诉自己，尤其是在工作中遭遇负面情绪的时刻。

94 工作环境

生活中的一切都是一面镜子，映射着我们自己的内心。工作之中，如果发生不愉快的事，我们就需要潜入自己的内心深处，问问自己："我是如何将自己置于窘境的？我的心中，究竟暗藏了怎样的思想，使我认定自己不配享受美好的工作环境？"

在完美的环境之中，尽情享受工作

我要在此宣布：每一天，置身于如此完美的工作环境之中，我的心中充满感激之情。走过这片区域，我看到完美的办公环境，完美的办公用品。我有最好的电脑，可以顺利收发邮件，结算费用；有最好的办公区，布局完美合理；有最好的会议室，大小恰到好处。所有的办公所需全都到位，所有的同事同仁都和谐友善，奋发上进。每一个工位都整洁有序，井井有条。在这里工作，能够收获快乐，心享安宁。

完成每一件工作，我都心怀喜悦，开心自己的努力能够为别人提供帮助，有所贡献。这里还会举办各种活动，所有前来参加活动的人们，都拥有开阔、包容的灵魂。工作的使命背后，是源源不断的充实与丰盈，我满心感激。是的，我喜欢在这里工作。

95 携手合作

选择相信身边所有人都与你携手走在同一条路上，你们一同发力，和谐且高效，完成了一件又一件人生任务。如此，未来的你无论走到何方，途中遇到的任何一个人都会助你一臂之力。

每个人都是一个部分，共同构成一个和谐的整体

每个人都是一个神圣而伟大的灵魂，是天地间思维和谐的表达。我们在世间相聚，是为了相互学习。因此，不同的人走到一起，都有着共同的目的。不要尝试去推翻目的，也不要为一点点分歧相互指责。学着去爱自己，我们会获益良多，变得强大。我们走到一起，携手共事，是要为完成手头的工作注入力量，为生活的每个方面增添一份和谐。我们携手所做的每件事情，都基于同一个真理，那是属于我们的真理，是生命的真理。

每时每刻，天地都会为我们指引正确的方向。我们会在对的时机，说出对的话语，做对的行动，走对的路径。每个人都是一个部分，共同存在于这和谐的整体之中。当我们携起手来，一起工作，一同欢笑，天地自会以其神力将所有能量融合，释放出更强有力的支持与鼓励，让每一件工作都得以完整充实，富有效率。无论工作还是生活，我们都是赢家。无论是自己努力，还是与他人携手，我们都始终元气满满，快乐洋溢，有爱，有笑，心怀敬意，于人有益。我们会一直享受内心的安宁，让我们就这样继续下去。

96 地球家园

新的时代，我们都在学着探索自己的内心，找寻解救我们灵魂的那个人。其实，那个人正是我们自己。我们需要的能量，就是我们自身的能量。每个人都与天地相连，能够融入宇宙，能够连接生命。

这颗美丽的星球，是属于我们的人间天堂

千千万万的灵魂相聚在一起，一同分享，一同成长，一同将自己的能量向世界释放。没错，我们生活在同一个家园，每个人都在追逐自己的理想。我们相聚于这颗美丽的星球，一同携手，让每个人在追寻的路上走得更加充实，更加有力。我们与所有心怀相同信念的人们一道，合力构筑属于我们的人间天堂。我们都同样相信，同样渴望，美好的家园不是空谈，人间天堂就在眼前。

我们共同生活在这个人间天堂，享受着爱，享受着和谐与和平。我们用生活与生命表达上帝的声音。我们所构筑的世界里，最最重要的是心灵的滋润与灵魂的成长，这是每位成员的必修课。在每一个领域，我们都可以尽情想象，发挥创意，因为我们拥有充裕的时间和无穷的机遇。我们需要做的，就是尽情释放心灵的力量。在我们的世界里，没有病痛，没有贫穷，也没有欺骗。未来的世界从这里开始，从此刻开始，从你我开始，始于我们的大脑，始于我们的内心。你准备好了吗？请与我一起，飞向那片美丽！